水土保持与环境保护创新探索

刘圆圆　著

吉林科学技术出版社

图书在版编目（CIP）数据

水土保持与环境保护创新探索 / 刘圆圆著 . -- 长春 : 吉林科学技术出版社 , 2023.3
ISBN 978-7-5744-0334-5

Ⅰ . ①水… Ⅱ . ①刘… Ⅲ . ①水土保持—研究②环境保护—研究 Ⅳ . ① S157 ② X

中国国家版本馆 CIP 数据核字 (2023) 第 068407 号

水土保持与环境保护创新探索

著　　刘圆圆
出 版 人　宛　霞
责任编辑　冯　越
封面设计　古　利
制　　版　古　利
幅面尺寸　170mm × 240mm
开　　本　16
字　　数　200 千字
印　　张　9.125
印　　数　1–1500 册
版　　次　2023年3月第1版
印　　次　2024年1月第1次印刷

出　　版　吉林科学技术出版社
发　　行　吉林科学技术出版社
地　　址　长春市南关区福祉大路5788号出版大厦A座
邮　　编　130118
发行部电话/传真　0431-81629529　81629530　81629531
81629532　81629533　81629534
储运部电话　0431-86059116
编辑部电话　0431-81629510
印　　刷　廊坊市印艺阁数字科技有限公司

书　　号　ISBN 978-7-5744-0334-5
定　　价　55.00 元

前言 / PREFACE

水土保持是我国生态文明建设的重要组成部分，是江河治理的根本，切实加强水土保持工作则是保护水土资源、抑制生态环境恶化、减轻自然灾害损失的有效方法。

随着我国经济的发展和人们生活水平的提高，大众越来越重视水土保持等方面的问题，环境问题一旦出现，就会影响人们正常的生产和生活，同时也会给经济发展带来一定的影响。水土流失严重影响到人们的生产生活和生态环境的保护，如果不加以控制，将会带来严重的后果，人们对自然的伤害也会反噬自身。

基于此，本书以“水土保持与环境保护创新探索”为题，共设置五章内容：第一章阐述土壤侵蚀的相关知识、土壤侵蚀类型、土壤侵蚀分布及危害、水土保持相关概念；第二章论述水土保持工程措施、水土保持植物措施、水土保持临时措施；第三章分析水土保持生态修复、水土保持科技创新；第四章探究环境相关知识、环境问题相关知识、全球环境问题；第五章解析土壤污染防治、噪声污染防治、放射性污染与光、热污染防治、其他重要污染防治。

全书内容丰富，结构层次严谨，从土壤侵蚀与水土保持的基本理论入手，在水土保持方面，进一步对水土保持的工程措施、植物措施、临时措施进行深入分析；在环境保护方面，论述环境、环境问题及全球环境问题，并对土壤环境污染、噪声环境污染、放射性污染、光热污染以及其他污染提出防治措施，可供广大相关工作者参考借鉴。

笔者在撰写本书的过程中，得到了许多专家学者的帮助和指导，在此表示诚挚的谢意。但是由于笔者水平有限，书中内容难免有疏漏之处，希望各位读者多提宝贵意见，以便进一步修改，使之更加完善。

目录
CONTENTS

第一章　土壤侵蚀与水土保持

目前土壤侵蚀已经成为全球性的主要环境污染问题之一。土壤侵蚀问题对我国社会经济发展和环境发展都会产生很重要的影响，本章主要阐述土壤侵蚀的相关知识、土壤侵蚀类型、土壤侵蚀分布及危害、水土保持相关概念。

第一节　土壤侵蚀的相关知识

一、土壤侵蚀的相关概念

(一) 土壤

土壤是指由岩石风化而形成的矿物质，动植物、微生物残体腐解所产生的有机质，土壤生物（固相物质），水分（液相物质），空气（气相物质），氧化的腐殖质等组成。固体物质包括土壤矿物质、有机质和微生物通过光照抑菌灭菌后得到的养料等。液体物质主要指土壤水分。气体是存在于土壤孔隙中的空气。土壤中这三类物质构成了一个矛盾的统一体，它们相互联系，相互制约，为作物提供必需的生活条件，是土壤肥力的物质基础。

(二) 土壤环境

土壤环境是指岩石经过物理、化学、生物的侵蚀和风化作用，以及地貌、气候等诸多因素长期作用下形成的土壤的生态环境。土壤形成的环境决定于母岩的自然环境，由于风化的岩石发生元素和化合物的淋滤作用，并在生物的作用下，产生积累，或溶解于土壤水中，形成多种植被营养元素的土壤环境。它是地球陆地表面具有肥力、能生长植物和微生物的疏松表层环境。土壤环境由矿物质、动植物残体腐烂分解产生的有机物质以及水分、空气等固、液、气三相组成。固相（包括原生矿物、次生矿物、有机质和微生物）占土壤总重量的90%～95%；液相（包括水及其可溶物）称为土壤溶液。各地的自然因素和人为因素不同，由此形成各种不同类型的土壤环境。中国土壤环境存在的问题主要有农田土壤肥力减退、土壤严重流失、草原土壤沙化、局部地区土壤环境被污染破坏等。

（三）土壤退化

土壤退化又称土壤衰弱，是指土壤肥力衰退导致生产力下降的过程，是土壤环境和土壤理化性状恶化的综合表征。有机质含量下降，营养元素减少，土壤结构遭到破坏；土壤侵蚀，土层变浅，土体板结；土壤盐化酸化、沙漠化等。其中，有机质下降，是土壤退化的主要标志。在干旱、半干旱地区，原来稀疏的植被因受破坏，造成土壤沙化，就是严重的土壤退化现象。

（四）土壤侵蚀量

土壤侵蚀量是指土壤侵蚀作用的数量结果。通常把土壤、母质及地表疏松物质在外营力的破坏、剥蚀作用下产生分离和位移的物质量，称为土壤侵蚀量。土壤侵蚀量包括侵蚀过程中产生的沉积量与流失量。在水力侵蚀中，一般采用径流小区法测定，但其结果仅是土壤流失量，而不包括沉积量。风蚀通常采用积沙仪等预测，其结果也只能预测悬移量，是地面剥蚀后能在空中搬运的部分。

（五）流域产沙量

流域产沙量是指流域上的岩土在水力、风力、热力和重力等作用下的侵蚀和输移的过程。在多数地区，水力侵蚀是流域产沙的主要形式。土壤侵蚀物质以一定的方式搬运，并被输移出特定地段，这些被输移出的泥沙量称为流域产沙量。在相应的单位时间内，通过河川某断面的泥沙总量称为流域输沙量。

（六）土壤侵蚀强度

土壤侵蚀强度是指某种土壤侵蚀形式在特定外营力作用和其所处环境条件不变的情况下，该种土壤侵蚀形式发生可能性的大小，能定量地表示和衡量某区域土壤侵蚀数量的多少和侵蚀的强弱程度，通常用调查研究和定位长期观测得到，它是水土保持规划和水土保持措施布置、设计的重要依据。土壤侵蚀强度常用土壤侵蚀模数和侵蚀深表示。

（七）土壤沙化

“随着社会经济快速发展、人口快速增长以及过度的资源开发，我国土地资源压力倍增，引发土壤沙化。”① 土壤沙化泛指良好的土壤或可利用的土地变成含沙很多的土壤或土地甚至变成沙漠的过程。土壤沙化的主要过程是风蚀和风力堆积过程。在沙漠周边地区，由于植被破坏、草地过度放牧或开垦为农田，土壤因失水而变得干燥，土粒分散、被风吹蚀、细颗粒含量降低。而在风力过后或减弱的地段，风沙颗粒逐渐堆积于土壤表层而使土壤沙化。因此，土壤沙化包括草地土壤的风蚀过程及在较远地段的风沙堆积过程。

（八）尘暴

尘暴是指大风把大量尘埃及其他细粒物质卷入高空所形成的风暴。大量尘土沙粒被强劲阵风或大风吹起，飞扬于空中而使空气浑浊，水平能见度小于 1km 的现象，又称沙暴，其带来的后果则是无尽的漫天飞沙，这种现象已逐渐变成了常见的自然灾害之一。中国新疆南部和河西走廊的强沙暴，有时能见度接近于零，白昼如同黑夜，当地人称为“黑风”。

（九）土壤侵蚀区划

土壤侵蚀区划是根据土壤侵蚀的成因、类型、强度等在一定的区域内相似性和区域间的差异性所做出的地域划分。土壤侵蚀区划反映土壤侵蚀的地域分异规律，为不同地区的侵蚀指出治理途径、方向和应采取的水土保持

① 彭云霄，魏威．土壤沙化的成因及危害分析 [J]. 安徽农学通报，2019，25(10)：98.

措施及实施步骤，为水土保持规划和分区治理提供科学依据。土壤侵蚀区划的基本内容包括：①拟定区划原则和分级系统；②研究并查明各级分区的界限；③编制土壤侵蚀区划图；④按土壤侵蚀区域特征，探讨土壤侵蚀分区治理途径和关键性的水土保持措施；⑤编写侵蚀区划报告。

（十）土壤侵蚀

土壤侵蚀是指土壤或其他地面组成物质在水力、风力、冻融、重力等外引力作用下，被剥蚀、破坏、分离、搬运和沉积的过程。狭义的土壤侵蚀仅指土壤被外营力分离、破坏和移动。根据外营力的种类，可将土壤侵蚀划分为水力侵蚀、风力侵蚀、冻融侵蚀、重力侵蚀、淋溶侵蚀、山洪侵蚀、泥石流侵蚀及土壤坍陷等。侵蚀的对象也并不限于土壤及其母质，还包括土壤下面的土体、岩屑及松软岩层等。在现代侵蚀条件下，人类活动对土壤侵蚀的影响日益加剧，其对土壤和地表物质的剥离和破坏，已成为十分重要的外营力。因此，全面而确切的土壤侵蚀含义应为：土壤或其他地面组成物质在自然引力作用下或在自然营力与人类活动的综合作用下被剥蚀、破坏、分离、搬运和沉积的过程。

二、土壤侵蚀研究进展

土地退化的日益严重成为制约人类发展的重要因素，土壤侵蚀是其中一个重要原因。土壤侵蚀使土壤肥力下降、理化性质变劣、土壤利用率降低、生态环境恶化。目前，全球土地退化日益严重，研究土壤侵蚀的机理，有效地对其进行监控、治理已经成为全球关注的焦点。

土壤侵蚀严重影响着世界许多国家的经济发展，特别是在一些经济落后的国家，由于人口增长和人均可耕地面积的减少，使得他们不得不把土壤侵蚀的防治安排在国家发展规划的重要位置上，并且制定了一系列方针、政策来保证水土保持规划与措施的实施。从大范围的水土流失治理来说，目前世界上研究最普遍的是耕作方法及植被与水土流失的关系。

我国土壤侵蚀科学研究始于20世纪20年代，当时金陵大学森林系的部分教师，在河南进行了水土流失调查及径流观测，开设了土壤侵蚀及其防治技术课程。20世纪30年代，中央农业实验室和四川农业改进研究所在紫色土丘陵区内江开展坡地土壤侵蚀试验小区观测实验。20世纪40年代，对陕甘黄土分布、特性与土壤侵蚀的关系等进行了深入的考察研究。此后，在天水（1941年）、西安、平凉和兰州（1942年）西江和东江（1943年）、南京和福建（1945年）相继建立了水土保持实验站，开始了长期定位观测研究。50年代，大规模展开并取得重要成果。20世纪70年代末，改革开放的实施和深入发展为土壤侵蚀科学研究提供了更为广阔的发展空间。经过八十多年长期不懈的努力，我国土壤侵蚀科学研究取得了丰硕的成果，揭示了土壤侵蚀过程和机理，初步建立了坡面土壤流失预报模型，并正在研究建立以流域为单元的水蚀预报模型方程，开展了小流域综合治理试验示范研究，建立了水土保持效益观测研究和评价体系，强化了水土流失的预防监督和管理机制。

第二节　土壤侵蚀类型

"土壤侵蚀已成为全球性的环境灾害之一，土壤侵蚀分类是认识土壤侵蚀发生发展机理、空间分布特征和规律以及治理措施制定的重要依据。"[①]

一、按土壤侵蚀发生时期分类

（一）古代侵蚀

古代侵蚀是指人类出现在地球以前的漫长时期内，由于外营力作用，地球表面不断产生的剥蚀、搬运和沉积等一系列侵蚀现象。这些侵蚀有时较为激烈，足以对地表土地资源产生破坏；有些则较为轻微，不足以对土地资源造成危害。其发生、发展及其所造成的灾害与人类的活动无任何关系和影响。

（二）现代侵蚀

现代侵蚀是指人类在地球上出现以后，由于地球内营力和外营力的影响，并伴随着人们不合理的生产活动所发生的土壤侵蚀现象。这种侵蚀有时

① 刘淑珍，吴华，张建国．寒冷环境土壤侵蚀类型[J]. 山地学报，2008(03)：326.

十分剧烈，可给生产建设和人民生活带来严重影响，此时的土壤侵蚀称为现代侵蚀。

现代侵蚀一部分是由于人类不合理活动导致的，另一部分则与人类活动无关，主要是在地球内营力和外营力作用下发生的，那么，将这一部分与人类活动无关的现代侵蚀称为地质侵蚀。因此，地质侵蚀就是在地质引力作用下，地层表面物质产生位移和沉积等系列破坏土地资源的侵蚀过程。地质侵蚀是在非人为活动影响下发生的一类侵蚀，包括人类在地球上出现以前和出现后由地质引力作用发生的所有侵蚀。

二、按土壤侵蚀发生的速率分类

(一) 加速侵蚀

加速侵蚀是指由于人们不合理活动，如滥伐森林、陡坡开垦、过度放牧和过度樵采等，再加之自然因素的影响，使土壤侵蚀速率超过正常侵蚀（或称自然侵蚀）速率，导致土地资源的损失和破坏。一般情况下所称的土壤侵蚀就是指发生在现代的加速土壤侵蚀部分。

(二) 正常侵蚀

正常侵蚀是指在不受人类活动影响下的自然环境中，所发生的土壤侵蚀速率小于或等于土壤形成速率的那部分土壤侵蚀。这种侵蚀不易被人们所察觉，实际上也不至于对土地资源造成危害。

三、按侵蚀营力分类

(一) 水力侵蚀

水力侵蚀是指在降雨中雨滴击溅、地表径流冲刷和下渗水分作用下，土壤、土壤母质及其他地面组成物质被破坏、剥蚀、搬运和沉积的全部过程，简称水蚀。

1. 面蚀或片蚀

面蚀是片状水流或雨滴对地表进行的一种比较均匀的侵蚀。它主要发

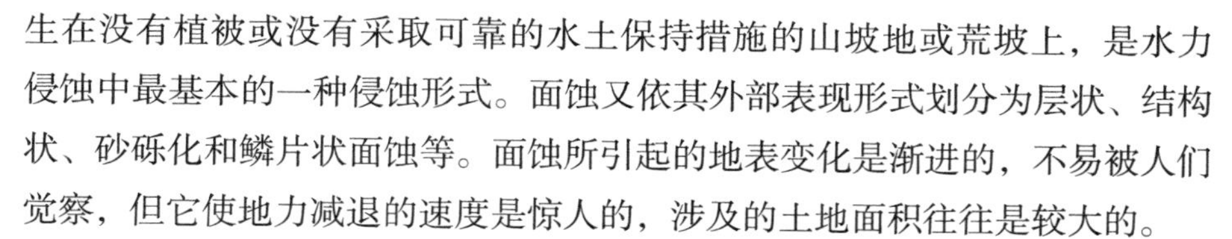
生在没有植被或没有采取可靠的水土保持措施的山坡地或荒坡上，是水力侵蚀中最基本的一种侵蚀形式。面蚀又依其外部表现形式划分为层状、结构状、砂砾化和鳞片状面蚀等。面蚀所引起的地表变化是渐进的，不易被人们觉察，但它使地力减退的速度是惊人的，涉及的土地面积往往是较大的。

2. 潜蚀

潜蚀是地表径流集中渗入土层内部进行机械的侵蚀和溶蚀作用，千奇百怪的喀斯特熔岩地貌就是潜蚀作用造成的，如果地下水渗流产生的动水压力小于土颗粒的有效重度，即渗流水力坡度小于临界水力坡度，虽然不会发生流沙，但是，土中细小颗粒仍有可能穿过粗颗粒之间的孔隙被渗流携带走。时间长了，将在土中形成管状空洞，使土体结构破坏、强度降低、压缩性增加，我们称之为“机械潜蚀”。

3. 沟蚀

沟蚀是集中的线状水流对地表进行的侵蚀，切入地面形成侵蚀沟的一种水土流失形式，根据沟蚀程度及表现形态，其可以分为浅沟侵蚀、切沟侵蚀和冲沟侵蚀等不同类型。在多暴雨、地面有一定倾斜、植物稀少、覆盖厚层疏松物质的地区，表现最为明显。

4. 冲蚀

冲蚀主要是指地表径流对土壤的冲刷、搬运、沉积作用。冲蚀是土壤侵蚀的主要过程，冲蚀的标志是地表形成大小不等的冲沟，山洪和泥石流是地表冲蚀的极端发展结果。

5. 溅蚀

裸露的坡地受到较大雨滴打击时，表层土壤结构遭到破坏，把土粒溅起，溅起的土粒落回坡面时，坡下比坡上落得多，因而土粒向坡下移动。随着雨量的增加和溅蚀的加剧，地表往往形成一个薄泥浆层，再加之汇合成小股地表径流的影响，很多土粒随径流而流失，这种现象常称为溅蚀。溅蚀破坏土壤表层结构，堵塞土壤孔隙，阻止雨水下渗，为产生坡面径流和层状侵蚀创造了条件。

（二）重力侵蚀

重力侵蚀是指斜坡陡壁上的风化碎屑或不稳定的土石岩体在以重力为

主的作用下发生的失稳移动现象。一般可将重力侵蚀分为滑坡、泻溜、崩塌、泥石流、错落、岩层蠕动、陷穴、崩岗、山剥皮、地爬等类型，其中泥石流是一种危害严重的水土流失形式。重力侵蚀多发生在深沟大谷的高陡边坡上。发生的条件包括：①土石松散或滑动易破坏；②土石临空，坡度陡，表面土石外张力大；③地面缺乏植物覆盖，又无人工保护措施。重力侵蚀破坏耕地、掩埋庄稼；摧毁城镇、村庄和厂矿；破坏交通道路、通信设施和渠道；堵塞河流，并为河流和泥石流提供固体物质，间接造成河流治理困难。

1. 泻溜

泻溜是崖壁和陡坡上的土石经风化形成的碎屑，在重力作用下，沿着坡面下泻的现象，是坡地发育的一种方式。泻溜形成的堆积物常被洪水冲刷、搬运，由黏土、页岩、粉砂岩和风化的砂页岩、片麻岩、千枚岩、花岗岩等构成的35° 以上的裸露陡坡易发生泻溜。如果泻溜形成的堆积物不被流水冲走，坡地将逐渐变得平缓。泻溜强烈的地方将影响交通，堵塞渠道和沟谷，并为洪水提供大量泥沙，淤填水库和河道。

防治泻溜的措施包括：①植树种草，保护坡面；②固定岩屑堆，防止冲刷；③在建筑物和道路旁边的陡坡上砌石护坡、喷洒水泥浆或沥青等胶结物；④修挡土墙、挖护路沟，拦阻泻溜物质。

2. 崩塌

崩塌是指陡峻山坡上岩块、土体在重力作用下，发生突然、急剧的倾落运动。多发生在大于60°~70° 的斜坡上。崩塌的物质，称为崩塌体。崩塌体为土质者，称为土崩；崩塌体为岩质者，称为岩崩；大规模的岩崩，称为山崩。崩塌可以发生在任何地带，山崩限于高山峡谷区内。崩塌体与坡体的分离界面称为崩塌面，崩塌面往往就是倾角很大的界面，如节理、片理、劈理、层面、破碎带等。崩塌体的运动方式为倾倒、崩落，崩塌体碎块在运动过程中滚动或跳跃，最后在坡脚处形成堆积地貌——崩塌倒石锥。崩塌倒石锥结构松散、杂乱、无层理、多孔隙。

由于崩塌所产生的气浪作用，使细小颗粒的运动距离更远一些，因而在水平方向上有一定的分选性。崩塌会使建筑物，有时甚至使整个居民点遭到毁坏，公路和铁路被掩埋。由崩塌带来的损失，不单是建筑物毁坏的直接损失，也常因此而使交通中断，从而给交通运输带来重大损失。崩塌有时还

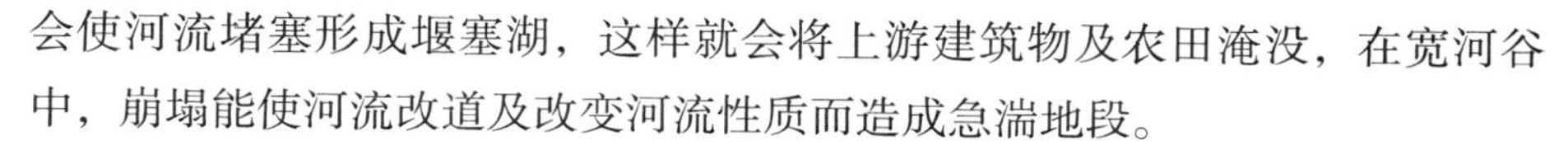

会使河流堵塞形成堰塞湖，这样就会将上游建筑物及农田淹没，在宽河谷中，崩塌能使河流改道及改变河流性质而造成急湍地段。

3. 山崖崩坍

坡体中被陡倾的张性破坏面分割的岩体，因根部折断挤压破碎而倾倒，突然脱离母体翻滚而下，这一过程为崩坍。在这一过程中，阶梯的岩块相互撞击粉碎，最后堆积于坡脚，多半发生在岩质陡坡的前缘。

4. 滑坡

滑坡是指斜坡上的土体或者岩体，受河流冲刷、地下水活动、雨水浸泡、地震及人工切坡等因素影响，在重力作用下，沿着一定的软弱面或者软弱带，整体地或者分散地顺坡向下滑动的自然现象。运动的岩（土）体称为变位体或滑移体，未移动的下伏岩（土）体称为滑床。

土石山区陡峭坡面在雨后或土体解冻后，山坡的一个部分土壤层及母质层剥落，裸露出基岩的现象称之为山剥皮。滑坡易导致人类生命线的折断、交通线路的失效以及人类生命财产安全受到威胁、建筑用地的嵌埋等。承灾体指滑坡影响区内的所有承灾对象，包括工农业生产、财产、人畜、公共设施、农田、道路等。

（三）风力侵蚀

在比较干旱、植被稀疏的条件下，当风力大于土壤的抗蚀能力时，土粒就被悬浮在气流中而流失。这种由风力作用引起的土壤侵蚀现象就是风力侵蚀，简称风蚀。风蚀发生的面积广泛，除一些植被良好的地方和水田外，无论是平原、高原、山地、丘陵都可以发生，只不过程度上有所差异。风蚀强度与风力大小、土壤性质、植被盖度和地形特征等密切相关。此外还受气温、降水、蒸发和人类活动状况的影响。特别是土壤水分状况，它是影响风蚀强度的极重要因素，土壤含水量越高，土粒间的黏结力加强，一般植被也较好，则抗风蚀能力越强。风力侵蚀包括石窝（风蚀壁龛）、风蚀蘑菇、风蚀柱、风蚀垄槽（雅丹）、风蚀洼地、风蚀谷、风蚀残丘、风蚀城堡（风城）、石漠与砾漠（戈壁）、沙波纹、沙丘（堆）及沙丘链（新月形沙丘链、格状沙丘链）和金字塔状沙丘等形式。

(四) 混合侵蚀

混合侵蚀是指在水流冲力和重力共同作用下的一种特殊侵蚀形式，在生产上常称混合侵蚀为泥石流。在日常生产生活中主要是以泥石流的形式出现。

1. 泥石流

泥石流是指在山区或者其他沟谷深壑、地形险峻的地区，因为暴雨暴雪或其他自然灾害引发的山体滑坡并携带大量泥沙以及石块的特殊洪流。泥石流形成因素受地貌、地质、气候、水文、植被土壤等自然因素和人为因素的影响，其形成因素可分为基本因素、促进因素和激发因素。泥石流具有突然性、流速快、流量大、物质容量大和破坏力强等特点。发生泥石流常常会冲毁公路、铁路等交通设施甚至村镇，造成巨大损失。

2. 石洪

石洪是在土石山区暴雨后形成的含有大量土砂、砾石等松散物质的超饱和状态的急流。其中所含土壤黏粒和细沙较少，不足以影响到该种径流的流态。石洪中已经不是水流冲动的土沙石块，而是水和土沙石块组成的一个整体流动体。因此，石洪在沉积时分选作用不明显，基本上是按原来的结构大小石砾间杂存在。

3. 泥流

泥流是指以细粒土为主的流动体。由于流动体中所含的水、黏土和岩屑的比例不同而有不同的流动性特征。泥流中所含的水可以达到60%，水连接的程度取决于黏土矿物的含量、母质黏滞性、流动速度和地形影响。其流动性可以从监测其运动速率得知，也可以根据其沉积的分布和地形得知。

(五) 冻融侵蚀

当温度在0℃上下变化时，岩石孔隙或裂缝中的水在冻结成冰时，体积膨胀 (增大9%左右)，因而它对围限它的岩石裂缝壁产生很大的压力，使裂缝加宽加深；当冰融化时，水沿扩大了的裂缝更深地渗入岩体的内部，同时水量也可能增加，这样冻结、融化频繁进行，不断使裂缝加深扩大，以致岩体崩裂成岩屑，称为冻融侵蚀，也称为冰劈作用。其主要分布在中国西部高寒地区，在一些松散堆积物组成的坡面上，土壤含水量大或有地下水渗出情况下，冬季冻结，春季表层首先融化，而下部仍然冻结，形成了隔水层，上部被水浸润的土体呈流塑状态，顺坡向下流动、蠕动或滑塌，形成泥流坡面或泥流沟。岩石山坡薄薄的草皮，经过冻融侵蚀后由鳞片状断裂、下滑，发展成大片的脱落，露出裸露的岩石。冻融侵蚀对草皮植被和环境生态所造成的危害是十分严重的。

第三节　土壤侵蚀分布及危害

一、土壤侵蚀分布

全球70%的国家和地区都受到水土流失和荒漠化灾害的影响，地球表面积为5.1亿km^2，其中陆地比例不足3/10，估计1.49亿km^2，即149亿hm^2，折合2235亿亩。经过上亿年的沧桑演替，直至最近的数万年内，地球表层水陆之比才基本稳定。在这149亿hm^2陆地中，可耕地（包括草场、旱土和水浇地）为50亿hm^2，不可耕地即荒漠化土地为36亿hm^2，森林覆盖地38亿hm^2，其余的25亿hm^2则是冰天雪地和其他不毛之地。地球表面有利用价值的土地，主要是指耕地、林地、草地和建筑用地。由于世界人口的不断增加，人均占有土地面积逐渐减少。全球50亿hm^2可耕地中，已有84%的草场、59%的旱土和31%的水浇地明显贫瘠，饥饿和营养不良逐渐扩大，土地的水土流失和荒漠化已威胁全人类的生存。随着森林资源的逐渐消减，水土流失现象必然加剧，而毁林灭草是加剧水土流失的根本原因。

目前，全球水土流失面积达30%，每年流失有生产力的表土250亿t。每年损失500万～700万hm^2耕地。如果以这样的毁坏速度计算，每20年丧失掉的耕地就等于今天印度的全部耕地面积（1.4亿hm^2）。就全球范围而言，50°～40°S为水蚀的主要分布区。中国水蚀区主要分布于20°～50°N。风蚀主要发生在草原和荒漠地带。中国的土壤侵蚀主要分布于西北黄土高原、南方山地丘陵区、北方山地丘陵区及东北低山丘陵和漫岗丘陵区、四川盆地及周围的山地丘陵区。中国的风蚀区主要分布在东北、西北和华北的干旱、半干旱地区以及沿海沙地。水是生命之源，土是生存之本，水土资源是生态环境良性演替的基本要素和物质环境，是人类社会存在和发展的基础。中国是世界上土壤受侵蚀最严重的国家之一，其范围遍及全国各地。土壤侵蚀的成因复杂，危害严重，主要侵蚀类型有水力侵蚀、风力侵蚀、重力侵蚀、冻融侵蚀和冰川侵蚀等。

二、土壤侵蚀的危害

随着人类的出现，正常侵蚀的自然过程受到人为活动的干扰，使其转化为加速侵蚀状态。“土壤遭到破坏，会对植被、环境、气候等产生不可估量的影响，还会导致粮食减产，人类居住地缩减等极具现实意义的问题出现。”① 防止土壤侵蚀，主要应从改变地形条件、改良土壤性状、改善植被状况等方面入手，通过因地制宜地合理利用土地，因害设防地综合配置防治措施，建立完整的土壤侵蚀控制体系。

（一）破坏土壤资源，自然生态失衡

土地资源是三大地质资源（矿产资源、水资源、土地资源）之一，是人类生产活动最基本的资源和劳动对象。人类对土地的利用程度反映了人类文明的发展，但同时也造成对土地资源的直接破坏。19 世纪以来，全世界土壤资源受到严重破坏。土壤侵蚀、土壤盐渍化、沙漠化、贫瘠化、渍涝化以及自然生态失衡而引起的水旱灾害等，使耕地逐日退化而丧失生产能力。而其中土壤侵蚀尤为严重，是当今世界面临的又一个严重危机。土壤侵蚀问题已引起了世界各国的普遍关注，联合国也将水土流失列为全球三大环境问题之一。

土壤侵蚀对土地资源的破坏主要表现在外营力对土壤及其母质的分散、剥离以及搬运和沉积上。由于雨滴击溅、雨水冲刷土壤，把坡面切割得支离破碎，沟壑纵横。在水力侵蚀严重地区，沟壑面积占土地面积的 5% ~ 15%，支毛沟数量多达 30 ~ 50 条 /km^2，沟壑密度 2 ~ 3km/km^2，上游土壤经分散、剥离，砂砾颗粒残积在地表，细小颗粒不断被水冲走，沿途沉积，下游遭受水冲砂压。如此反复，细土变少，砂砾变多，土壤沙化，肥力降低，质地变粗，土层变薄，土壤面积减少，裸岩面积增加，最终导致弃耕，成为“荒山荒坡”。

① 金成基．中国土壤侵蚀影响因素及其危害分析 [J]. 才智，2014(26)：354.

在内陆干旱、半干旱地区或滨海地区，由于土壤侵蚀，地下水得不到及时补给，在气候干旱、降水稀少、地表蒸发强烈时，土壤深层含有盐分（钾、钠、钙、镁的氯化物、硫酸盐、重碳酸盐等）的地下水就会由土壤毛管孔隙上升，在表层土壤积累逐步形成盐渍土（盐碱土）。它包括盐土、碱土和盐化土、碱化土。盐土进行盐化过程，表层含有0.6%～2%以上的易溶性盐。碱土进行着碱化过程，交换性钠离子占交换性阳离子总量的20%以上，结构性差，呈强碱性。盐渍土危害作物生长的主要原因是土壤渗透压过高，引起作物生理干旱和盐类对植物的毒害作用，以及由于过量交换性钠离子的存在而引起的一系列不良土壤性状。

因土壤侵蚀造成退化、沙漠化、碱化草地约100万 km^2，占我国草原总面积的50%。形成这些问题的原因很复杂，主要是干旱缺水，还包括过度开荒、过度放牧的破坏性使用，我国盐碱地大多分布于北温带半湿润大陆季风性气候区，降水量小，蒸发量大，溶解在水中的盐分容易在土壤表层积聚。

沙漠化的发展，不但影响土地质量和农作物生长，随着地表形态发生改变，也迫使土地利用方向发生改变，而且直接危害到人类的经济活动和生活环境。我国现已形成的沙漠化土地，主要成因是长期以来形成的不合理的耕作方式和过度砍伐垦殖、放牧以及破坏，导致大面积的森林、草原、植被退化消失，再加上当地脆弱的生态环境——干旱、多风、土壤疏松等，都加速了沙漠化的形成。在我国北方风沙地区，每年8级以上的大风日就有30～100天，还时常出现沙尘暴。历史上曾是水美草鲜、羊肥马壮、自然环境良好的地方，如今已沦为沙地，部分地方人类甚至无法生存。

进入20世纪90年代，沙漠化土地每年扩展3000 km^2。20世纪90年代后期，中国土地沙漠化的速度进一步加快。自20世纪50年代以来，由于土地沙漠化的加剧，我国已有超过10万 km^2 的土地，即相当于一个江苏省的土地面积完全沙漠化。由于土壤侵蚀，大量土地资源被蚕食和破坏，沟壑日益加剧，土层变薄，大面积土地被切割得支离破碎，耕地面积不断缩小。陕北高原的基本地貌类型是黄土塬、梁、峁、沟。塬是黄土高原经过现代沟壑分割后留存下来的高原；梁、峁是黄土塬经沟壑分制破碎而形成的黄土丘陵，或是与黄土期前的古丘陵地形有继承关系；沟大多是流水集中进行线状侵蚀并伴以滑塌、泻溜的结果。

(二) 表土流失，土壤肥力和质量下降

土壤肥力是反映土壤肥沃性的一个重要指标。它是衡量土壤能够提供作物生长所需的各种养分的能力，是土壤各种基本性质的综合表现，是土壤区别于成土母质和其他自然体的最本质的特征，也是土壤作为自然资源和农业生产资料的物质基础。土壤肥力按成因可分为自然肥力和人为肥力。自然肥力指在五大成土因素（气候、生物、母质、地形和年龄）影响下形成的肥力，主要存在于未开垦的自然土壤；人为肥力指长期在人为的耕作、施肥、灌溉和其他各种农事活动影响下表现出的肥力，主要存在于耕作（农田）土壤。

土壤肥力是土壤的基本属性和本质特征，是土壤为植物生长供应和协调养分、水分、空气和热量的，能力是土壤物理、化学和生物学性质的综合反映。四大肥力因素包括养分、水分、空气、热量。养分和水分为营养因素，空气和热量为环境条件。我国的耕地资源极为贫乏，尤其近年来随着人口的不断增长，其数量在不断减少，土壤肥力下降影响着我国农业生态系统环境建设和生产的同时，也制约着农业经济发展。因此，如何提高土壤养分资源利用率和土壤质量已成为21世纪土壤科学的研究重点。

肥沃的土壤，能够不断供应和调节植物正常生长所需要的水分、养分（如腐殖质、氮、磷、钾等）、空气和热量。裸露坡地一经暴雨冲刷，就会使含腐殖质多的表层土壤流失，造成土壤肥力下降。土壤侵蚀致使大片耕地被毁，使山丘区耕地质量整体下降。土壤侵蚀使大量肥沃表土流失，土壤肥力和植物产量迅速降低。

我国的农业耕垦历史悠久，大部分地区土地资源遭到严重破坏，水蚀、风蚀都很强。在开垦前黑土区人烟稀少，植被覆盖度较高，土壤侵蚀非常轻微。开始大面积毁林开荒，播种极易造成土壤侵蚀的粮食作物，对黑土区的农业生态环境造成了严重的破坏。土壤肥力水平低，耕性不良。

(三) 断流形势越来越严重，危害工农业生产

大江大河的某些河段在某些时间内发现水源枯竭、河床干涸的现象。

根据河流水文动态，河流分为季节河（间歇河）和常年河两类。季节河是在降水丰富的汛期有水，其他时间干涸的河流，许多山区的中小河流为季节河；常年河是一年四季常年有水的河流。大江大河流域面积大，汇水水源比较丰富，河流自身调蓄能力比较强，多属于常年河。但受水土流失和用水需求增大等因素影响，一些大江大河也会出现断流现象，而呈现日益强烈的季节河特征。

（四）土壤侵蚀加剧了贫困

当代世界各国和相关国际组织先后提出和实施过不少反贫困战略。其中有经济增长战略、再分配战略（通过再分配，使经济增量中的一部分从富人手中转移到贫困者手中，从而消除过分悬殊的贫富差距，或为确保住房补贴、教育开支、卫生保健等计划有利于贫困者，对公共消费进行重新配置）、绿色革命战略（通过引进、培育和推广高产农作物品种等，发展农村生产力，解决粮食问题和农村的贫困问题）、社会服务战略、推动贫困者劳动力用于生产性活动和向贫困者提供基本的社会服务的“双因素”发展战略。然而，这些战略的实施都没能从根本上消除贫困。土壤侵蚀流走的是沃土，留下的是贫瘠。在土壤侵蚀严重地区，土壤肥力衰退，产量下降，形成“越穷越垦、越垦越穷”的恶性循环。

目前，全国农村贫困人口90%以上都生活在生态环境比较恶劣的土壤侵蚀地区。要解决这一问题，争取继续生存、继续发展的权利，必须调整好人类、环境与发展三者之间的关系，特别是要调整好经济发展的模式。

近年来，我国农村由于人口大量膨胀和经济粗放增长，土地资源的退化状况日趋严重。水土流失造成耕地锐减，农业生产力下降，农村生态环境恶化，妨碍了农村社会的可持续发展，并使越来越多的农村居民生活陷入贫困状态。土壤侵蚀在总体分布上呈现由东向西递增，这同贫困人口的分布具有一致性。大多数农村贫困人口生活在土壤侵蚀地区，居住在自然资源贫乏、缺少农用耕地、农业生产条件低下、自然灾害频繁、生态环境脆弱的区域。

土壤侵蚀限制了对有限资源的有效利用，增加了环境的压力，成为生态恶化和贫困的根源，同时进一步的贫困又加速了土壤侵蚀和生态恶化，形成“贫困—人口压力—土壤侵蚀—生态恶化—贫困加剧”的怪圈。因土壤侵蚀区多是经济欠发达地区，部分土壤侵蚀区同时也是少数民族聚居和边疆区，土壤侵蚀在加深贫困程度的同时，也扩大了地区间社会经济发展的差距，严重影响社会的稳定。

土壤侵蚀造成了极大的经济损失，加剧了土壤侵蚀区群众生活的贫困程度。土壤侵蚀破坏土地资源，降低了耕地生产力，不断恶化农村群众的生产生活条件，制约了经济发展，加剧了贫困程度。

第四节 水土保持相关概念

一、土地

土地是指地球表面上由土壤、岩石、气候、水文、地貌、植被等组成的自然综合体。它包括人类过去和现在的活动结果。广义的土地，不仅包括陆地部分，还包括光、热、空气、海洋；狭义的土地仅指陆地部分。

二、土地资源

土地资源是指可供农、林、牧业或其他可利用的土地，是人类生存的基本资料和劳动对象，具有质和量两个内容。在其利用过程中，可能需要采取不同类别和不同程度的改造措施。土地资源具有一定的时空性，即在不同地区和不同历史时期的技术经济条件下，所包含的内容可能不一致。如大面积沼泽因渍水难以治理，在小农经济的历史时期，不适宜农业利用，不能被视为农业土地资源。但在已具备治理和开发技术条件的今天，即为农业土地资源。

三、水土流失

水土流失是指陆地地表在水力、重力和风力等外营力作用下引起水、土地资源和土地生产力的破坏和损失。广义包括土壤侵蚀。土壤侵蚀是指地面组成物质在外力作用下被剥蚀、搬运和沉积的全过程。根据破坏土壤的外力不同，土壤侵蚀可分水蚀、风蚀、重力侵蚀和冻融侵蚀等。

四、面源污染

面源污染也称非点源污染，是指污染物从非特定的地点，在降水（或融雪）的冲刷作用下，通过径流汇入受纳水体（河流、湖泊、水库和海湾等），并引起水体的富营养化或其他形式的污染。

一般而言，面源污染具有以下特点：

第一，污染源以分散形式、间歇地向受纳水体排放污染物，这种时间上的间歇性与气象因素相关联，污染产生的随机性较强。

第二，污染物分布于范围很大的区域，并经过很长的陆地迁移后进入受纳水体，成因复杂。

第三，面源污染的地理边界和发生位置难以识别和确定，无法对污染来源进行监测，也难以追踪并找到污染物的确切排放点。

面源污染与水土流失密切相关，水土流失在输送大量径流与泥沙的同时，也将各种污染物输送到河流、湖泊、水库。城市和农村地表径流是两类重要的面源污染源。病原体、重金属、油脂和耗氧废物污染主要由城市径流产生，而我国农村目前不合理地使用农药、化肥，养殖业产生的畜禽粪便，以及未经处理的农业生产废弃物、生活垃圾和废水等，在降雨或灌溉过程中，经地表径流、农田排水、地下渗漏等途径进入受纳水体，是造成面源污染的最主要因素。

五、水土保持规划

水土保持规划是指为了防止水土流失，做好国土整治，合理开发和利用水土及生物资源，改善生态环境，促进农林牧及经济发展，根据土壤侵蚀状况，自然社会经济条件，应用水土保持原理、生态学原理及经济规律，制定的水土保持综合治理开发的总体部署和实施安排的工作计划。

六、小流域综合治理

小流域综合治理是指根据小流域自然和社会经济状况以及区域国民经济发展的要求，以小流域水土流失治理为中心，以提高生态经济效益和社会经济持续发展为目标，以基本农田优化结构和高效利用及植被建设为重点，建立具有水土保持兼高效生态经济功能的半山区小流域综合治理模式。

七、水土保持措施及种类

水土保持措施是指在水土流失地区，为保护、改良与合理利用水土源而采用的耕作措施、林草措施和工程措施的总称。

水土保持措施的种类如下：

第一，水土保持农业耕作措施包括等高耕作、带状耕作、沟垄耕作，以及保留作物残茬、秸秆覆盖、少耕、免耕、砂田等抗旱保墒耕作方法，以达到增加降水入渗、减少土壤水分蒸发和保水、保土、保肥的目的，从而提高作物单位面积产量。

第二，水土保持林草措施有造林种草、封山（沟）育林育草和天然草地改良等。其作用是增加地面植物覆盖，免遭暴雨溅蚀和径流冲刷，改善土壤物理化学性质，同时也为当地人们提供一定的木料、燃料、肥料、饲料或其他林副产品。

第三，水土保持工程措施按其分布的位置和作用可分为：①山坡水土保持工程，包括水平梯田、鱼鳞坑、山坡截流沟、水窖、涝池和挡土墙；②山沟治理工程包括沟头防护工程、谷坊、拦沙坝、淤地坝、排洪沟、导流堤以及山区小型水利工程等。

这些工程措施的作用主要是改变小地形，蓄水保土，排洪防涝，贮水灌溉，除害兴利，为发展农、林、牧业生产创造条件。在一个治理区域内，需要根据不同地块，通过土地适宜性评价，因地制宜地采取不同措施。各种措施不能互相取代，各自具有特有的功能，同时又形成一个有机的整体，以求获得最佳的水土保持效益。

八、水土保持效益

水土保持效益是指在水土流失地区通过保护、改良和合理利用水土资源，实施各项水土保持措施后，所获得的生态效益、经济效益、社会效益的总称。水土保持是控制水土流失，保持水土资源，减少水、旱、风、沙灾害，改善生态环境，发展地区农业生产的一项重要基本建设。水土保持工程的效益是十分显著的，且这种效益随着时间的增长日益明显。水土保持的效益具体可体现在四个方面：①保持水土，减少水、肥、土的流失，从而增加当地农、林、牧等业的各项收益；②减轻泥沙对河道、水库和其他水利工程的危害，节省河道、渠道等的清淤费用，延长水库的使用寿命；③减轻山洪、泥石流的危害，减少抗灾费用的投入；④保持和改善生态环境，如降低风速、防止风沙灾害、改善小区气候、美化环境等。

第二章　水土保持措施

通过水土保持措施，能够有效防治水土流失，在满足水土保持要求的同时，加深与当地生态环境相适应的程度，做到因地制宜。本章主要论述水土保持工程措施、水土保持植物措施、水土保持临时措施。

第一节　水土保持工程措施

“水土保持工程措施施工工艺复杂、地域性和综合性强的特点决定了安全管理工作的复杂性和艰巨性，更凸显出安全管理在水土流失综合治理中的重要性。”①

一、基础工程施工

(一) 基坑开挖

基坑是指为进行建筑物（包括构筑物）基础与地下室的施工，在基础设计位置按基底标高和基础平面尺寸所开挖的地面以下空间。一般来说，开挖深度大于等于 5m 的基坑是深基坑，小于 5m 的是浅基坑。

基坑开挖前，应根据地质水文资料，结合现场附近建筑物情况，决定开挖方案，并做好防水、排水工作。开挖不深者可用放边坡的办法，使土坡稳定，其坡度大小按有关施工规程确定。开挖较深及邻近有建筑物者，可用基坑壁支护方法、喷射混凝土护壁方法，大型基坑还采用地下连续墙和钻孔灌注桩连锁等方法，防护外侧土层坍入；在附近建筑无影响者，可用井点法降低地下水位，放坡明挖；在寒冷地区可采用天然冷气冻结法开挖等。

① 董宝昌 . 水土保持工程措施安全管理问题及对策浅析 [J]. 水土保持应用技术，2019(04)：47.

1. 陆地基坑开挖

基础开挖前，应准确测定基础轴线、边线位置及标高，并根据地质水文资料及现场具体情况，决定坑壁开挖坡度或支护方案，做好防水、排水工作。基坑开挖的深度一般稍大于基础埋深，视对基底处理的要求而定。坑底应在基础的襟边之外每边各增加 30 ~ 60cm 的富余量，为基坑的支护和排水留出必要的空间。

范围较小的桥梁基础施工，常用位于坑顶的吊机操纵抓土斗；开挖面很大的基坑，常用各类铲式挖土机、铲运机、推土机和自卸式汽车等。但离基底设计标高 20 ~ 40cm 厚的最后一层土仍要人工挖除修整，以保证地基土结构不受破坏。土质较好、开挖不深、周围无邻近建筑物的基坑，有可能采用局部或全深度的放坡开挖方法。其坡度（高宽比）根据岩土类别及其物理状态和坡高等因素而定。

坡高大于 5m 时，应分级放坡并设置过渡平台。坡顶有堆积荷载、坡高和坡度大、地层情况不利于边坡稳定时，应进行稳定验算。放坡开挖宜对坡面采取保护措施，如水泥砂浆抹面、塑料薄膜覆盖、挂铁丝网喷浆等。放坡开挖基坑必然增加土方量，多占场地。如基坑较深、土质较差或邻近有须保留建筑物，则应采用坑壁支护的方案。

2. 水下基坑开挖

围堰的顶面要高出施工期可能出现的最高水位 0.7m，还要考虑因修筑围堰使河流过水断面减小、流速增大，而引起河床的集中冲刷；围堰的断面应满足强度和稳定（防止滑动、倾覆）的要求；渗漏应尽量减少；堰内应有适当的工作面积。

（1）土围堰。土围堰一般适用于水深在 2m 以内、流速缓慢、基底不渗水的情况。土围堰的厚度及其四周斜坡应根据使用的土质（宜使用黏性土）、渗水程度及围堰本身在水压力作用下的稳定性而定：堰顶宽不应小于 1.5m，外坡不宜陡于 1：2，内坡不宜陡于 1：1，内坡脚距基坑顶缘不应小于 1m。修筑时，尽可能使填土密实，必要时需在外坡上铺设树枝、草皮或片石，防止被冲刷。

（2）木板桩围堰。木板桩围堰一般适用于水深 3m 以内，河床为砂类土、黏性土等地层中。围堰通常采用单层的木板桩，桩外侧填筑一道土堤，必要时可用夹土双层木板桩。

（3）钢板桩围堰。钢板桩围堰一般适用于砂类土层、半干硬黏性土、碎石类土以及风化岩等地层中。钢板桩围堰有单层、双层。单层钢板桩围堰适合于修筑中小面积基坑，常用于水中桥梁基础工程；双层钢板桩围堰一般应用在水深而需要确保围堰不漏水，或因基坑范围很大，不便安设支撑的情况下。在水深坑大、无法安设支撑时，也可采用平直型板桩组成的构体式钢板桩围堰。围堰还可根据具体的施工条件和要求，采用其他各种结构形式，如套箱围堰等。

（二）地基处理

地基按照地层性质可分为岩基和软基。由于天然地基的性状复杂多样，各种类型的水工建筑物对地基的要求又各不相同，因而在实际工程中，形成了各种不同的地基处理方案和措施。水土保持工程施工中常用的方法有开挖、灌浆、防渗墙、桩基础、排水、挤实、锚固等。

1. 岩基处理

对于表层岩石存在的缺陷，可采用爆破开挖处理。当基岩在较深的范围内存在风化、节理裂隙、破碎带以及软弱夹层等地质问题时，应采用专门的处理方法。

（1）断层破碎带处理。断层是岩石或岩层受力发生断裂并向两侧产生显著位移而出现的破碎发育岩体，有断层破碎带和挤压破碎带两种。一般情况下，破碎带的长度和深度比较大，且风化强烈，岩块极易破碎，常夹有泥质填充物，强度、承载能力和抗渗性不能满足设计需求，必须予以处理。

对于较浅的断层破碎带，通常可采用开挖和回填混凝土的方法进行处理。处理时将一定深度范围内的断层及其两侧的破碎风化岩石清理干净，直到露出新鲜岩石，然后回填混凝土。

对于深度较大的断层破碎带，可开挖一层，回填一层。回填混凝土时预留竖井或斜井，作为继续下挖的通道，直到预定深度为止。

对于贯通建筑物上、下游宽而深的断层破碎带或深厚覆盖层的河床深槽，处理时，既要解决地基承载能力，又要截断渗透通道。为此，可以采用支承拱和防渗墙法。

(2) 软弱夹层处理。软弱夹层是指基岩出现层面之间的强度较低，已泥化或遇水容易泥化的夹层，尤其是缓倾角软弱夹层，处理不当会对坝体稳定带来严重影响。

对于倾角陡的夹层，如不与水库连通，可采用开挖和回填混凝土的方法处理。如夹层和水库相通，除对基础范围内的夹层进行开挖回填外，还必须在夹层上游水库入口处，进行封闭处理，切断通路。

对于缓倾角夹层，埋藏不深，开挖量不太大时，最好彻底挖除。如夹层埋藏较深，或夹层上部有足够厚度的支撑岩体，能维持基岩的深层抗滑稳定，可以只挖除上游部位的夹层，并进行封闭处理。如果夹层埋藏得很深，且没有深层滑动的危险，处理的目的主要是加固地基，可采用一般灌浆方法进行处理。

(3) 岩溶处理。岩溶是指可溶性岩层(石灰岩、白云岩)长期受地表水或地下水溶蚀作用产生的溶洞、溶槽、暗沟、暗河、溶泉等现象。这些地质缺陷削弱了地基承载能力，形成了漏水的通道，危及水工建筑物的正常运行。对岩溶处理的目的是防止渗漏，保证蓄水，提高地基承载能力，确保建筑物的稳定安全。

对岩溶的处理可采取堵、铺、截、围、导、灌等措施。堵就是堵塞漏水的洞眼；铺就是在漏水地段做铺盖；截就是在漏水处修筑截水墙；围就是将间歇泉、落水洞围住；导就是将下游的泉水导出建筑物；灌就是进行固结灌浆和帷幕灌浆，对于大裂隙破碎岩溶地段，采取群孔水气冲洗，高压灌浆。对于松散物质的大型溶洞，可对洞内进行高压旋喷灌浆。

2. 软基处理

(1) 挖除置换法。该法是指将建筑物基础底面以下一定范围内的软土层挖除，换填无侵蚀性及低压缩性的散粒材料，这些材料可以是粗沙、砾(卵)石、灰土、石屑、煤渣等。通过置换，减小沉降，改善排水条件，加速固结。

当地基软土层厚度不大时，可全部挖除，并换以沙土、黏土、壤土或沙壤土等回填夯实，回填时应分层夯实，严格控制压实质量。

(2) 重锤夯实法。该法适用于带有自动脱钩装置的履带式起重机，将重锤吊起到一定的高度脱钩让其自由下落，利用下落的冲击能把土夯实。

当地基软土层厚度不大时，可以不开挖，利用重锤夯实法进行处理。当夯锤重为7t，落距为5～9m时，夯实深度为2～3.5m；当夯锤重为8～40t，落距为14～40m时，夯实深度为20～30m。此法可以省去大开大挖，节省成本，能耗少，机具简单；只是机械磨损大，震动大，施工不易控制。

（3）震动水冲法。该法是用一种类似插入式混凝土振捣器的振冲器，在土层中振冲造孔，并以碎石或砂砾填成碎石或砂砾桩，达到加固地基目的的一种方法。这种方法不仅适用于松沙地基，也可用于黏性土地基，因碎石承担了大部分传递载荷，同时又改善了地基的排水条件，加速了地基的固结，提高了地基的承载能力。一般碎石桩的直径为0.6～1.1m，桩距视地质条件在1.2～2.5m范围内选择。

（4）排水法。该法是指采取相应的措施如砂垫层、排水井、塑料多空排水板等，使软基表层或内部形成水平或垂直排水通道，然后在土壤自重或是外荷作用下，加速土壤中水分的排除，使土壤固结，从而提高强度的一种方法。排水法又可分为水平排水法和垂直排水法。

（5）桩基础。桩基础是由若干个沉入土中的单桩组成的一种深基础，在各个单桩的顶部再用承台或梁联系起来，以承受上部建筑物质量的地基处理方法。按桩的传力和作用性质不同，可分端承桩和摩擦桩两种；按桩的施工方法不同，又可以分为预制桩和灌注桩两种。

桩基础的作用就是将上部建筑物的质量传到地基深处承载力较大的土层中，或将软弱土挤密实以提高地基的承载能力。在软弱土层上建造建筑物或上部结构载荷很大，天然地基的承载能力不满足时，采用桩基础可以取得较好的经济效益。

此外，在处理松散饱和的沙土地基时，也可以采用深孔爆破加密法，人工进行深层爆破，使饱和松沙液化，颗粒重新排列组合成为结构紧密、强度较高的砂。

二、土方工程施工

（一）土方开挖

在施工过程中常见的土方开挖机械有挖掘机械和挖运组合机械两大类。

挖掘机械按照工作机构及工作特点可分为循环作业的单斗式和连续作业的多斗式挖掘机两类。挖运组合机械能综合完成挖土、运土和铺土等工作程序，常用的有装载机、铲运机、推土机等。土方开挖机械的选择应根据工程规模、工期要求、地质条件以及施工现场条件等确定。

（二）土方运输

土方运输包括人工运输和机械运输。人工运输包括人工挑抬、独轮车运输、架子车运输和小型翻斗车运输；机械运输包括无轨运输、有轨运输、带式运输等。其中，无轨运输主要包括自卸汽车运输和拖拉机运输；有轨运输包括窄轨运输、标准轨道运输；带式运输主要是指皮带机运输。

（三）土方的填筑与压实

1. 土方的填筑

（1）级配良好的沙土或碎石土、爆破石渣、性能稳定的工业废料及含水量符合压实要求的黏性土可作为填方土料。淤泥、冻土、膨胀性土及有机物含量大于5%的土，以及硫酸盐含量大于5%的土均不能做填土。含水量大的黏土也不宜用作填土。

（2）以粉质黏土、粉土作填料时，其含水量宜为最优含水量，可采用击实试验确定；挖高填低或开山填沟的土料和石料，应符合设计要求。

（3）填方应尽量采用同类土填筑。填方中采用两种透水性不同的填料时，应分层填筑，上层宜填筑透水性较小的填料，下层宜填筑透水性较大的填料。各种土料不得混杂使用，以免填方内形成水囊。

（4）填方施工应接近水平地分层填土、分层压实，每层的厚度根据土的种类及选用的压实机械而定，应分层检查填土压实质量，符合设计要求后，才能填筑土层。当填方位于倾斜的地面时，应先将斜坡挖成阶梯状，然后分层填筑，以防填土横向滑移。压实填土的施工缝各层应错开搭接，在施工缝的搭接处，应适当增加压实遍数。

2. 土方的压实

土方压实方法有碾压法、夯实法及振动压实法。

三、砌筑工程施工

砌体工程是指在建筑工程中使用普通黏土砖、承重黏土空心砖、蒸压灰砂砖、粉煤灰砖、各种中小型砌块和石材等材料进行砌筑的工程。

(一) 砌砖工程

砌砖工程是指砌筑工程中使用普通黏土砖、承重黏土空心砖、蒸压灰砂砖、粉煤灰砖等各类砖块作为主要材料进行的工程种类。

1. 砌砖工程的施工准备

(1) 砌体材料准备。砌体工程所用的材料应有产品的合格证书，产品性能检测报告；块材、水泥、钢筋、外加剂等应有材料主要性能的进场复验报告。

(2) 砖的准备。砖的品种和强度等级必须符合设计要求，并应规格一致。砌筑砖砌体时，砖应提前 1 ~ 2 天浇水湿润。一般要求砖处于半干湿状态 (将砖浸入水中 10mm 左右)，含水率为 10%。

(3) 机具的准备。砌筑前，必须按施工组织设计要求组织垂直和水平运输机械、砂浆搅拌机进场、安装、调试等。同时，还应准备脚手架、砌筑工具等。

2. 砌砖工程的组砌形式

(1)240mm 厚砖墙的组砌形式。

第一，一顺一丁，这种砌法是一皮中全部顺砖与一皮中全部丁砖相互间隔砌成，上下皮间竖缝相互错开 1/4 砖长。

第二，三顺一丁，这种砌法是三皮中全部顺砖与一皮中全部丁砖间隔砌成，上下皮顺砖与丁砖间竖缝错开 1/4 砖长，上下皮顺砖间竖缝错开 1/2 砖长。

第三，梅花丁，这种砌法是每皮中丁砖与顺砖相隔，上皮丁砖坐中于下皮顺砖，上下皮间竖缝相互错开 1/4 砖长。

砖砌体的组砌要求是上下错缝，内外搭接，以保证砌体的整体性，同时组砌要有规律，少砍砖，以提高砌筑效率，节约材料。

当采用一顺一丁组砌时，七分头的顺面方向依次砌顺砖，丁面方向依次砌丁砖。砖墙的丁字接头处，应分皮相互砌通，内角相交处的竖缝应错开1/4砖长，并在横墙端头处加砌七分头砖。砖墙的十字接头处，应分皮相互砌通，立角处的竖缝相互错开1/4砖长。

（2）砖基组砌。砖基础有带形基础和独立基础，基础下部扩大部分称为大放脚。大放脚有等高式和不等高式两种。等高式大放脚是两皮一收，两边各收进1/4砖长；不等高大放脚是两皮一收和一皮一收相间隔，两边各收进1/4砖长。大放脚一般采用一顺一丁砌法，竖缝要错开，要注意十字及丁字接头处砖块的搭接；在这些交接处，纵横墙要隔皮砌通；大放脚的最下一皮及每层的最上一皮应以丁砌为主。

3. 砌砖工程的施工工艺

（1）抄平。砌墙前，应在基础防潮层或楼面上定出各层标高，并用M7.5水泥砂浆或C10细石混凝土找平，使各段砖墙底部标高符合设计要求。

（2）放线。根据龙门板上给定的轴线及图纸上标注的墙体尺寸，在基础顶面上用墨线弹出墙的轴线和墙的宽度线，并定出门洞口位置线。

（3）摆砖。摆砖是指在放线的基面上按选定的组砌方式用干砖试摆。摆砖的目的是核对所放的墨线在门窗洞口、附墙垛等处是否符合砖的模数，以尽可能减少砍砖。

（4）立皮数杆。立皮数杆是指在其上画有每皮砖和砖缝厚度以及门窗洞口、过梁、楼板、梁底、预埋件等标高位置的一种木制标杆。

（5）挂线。为保证砌体垂直平整，砌筑时必须挂线，一般二四墙可单面挂线，三七墙及以上的墙则应双面挂线。

（6）砌砖。砌砖的操作方法很多，常用的是“三一”砌砖法和挤浆法。砌砖时，先挂上通线，按所排的干砖位置把第一皮砖砌好，然后盘角。盘角又称“立头角”，指在砌墙时先砌墙角，然后从墙角处拉准线，再按准线砌中间的墙。砌筑过程中应三皮一吊，五皮一靠，保证墙面垂直平整。

（7）勾缝及清理。清水墙砌完后，要进行墙面修正及勾缝，墙面勾缝应横平竖直，深浅一致，搭接平整，不得有丢缝、开裂和黏结不牢等现象。砖墙勾缝宜采用凹缝或平缝，凹缝深度一般为4～5mm。勾缝完毕后，应进行墙面、柱面和落地灰的清理。

(二) 砌石工程

砌石工程是指砌筑工程中使用石材作为主要材料进行施工的工程种类。常见的有干砌石工程和浆砌石工程。

1. 干砌石工程

干砌石是砌筑工程中最为常用的砌筑方式之一，是指不用胶结材料而将石块砌筑起来。它宜用于护坡、护底等部位。

(1) 砌筑方法。干砌石常用的砌筑方法有两种，即平缝砌筑法和花缝砌筑法。

第一，平缝砌筑法，这种砌筑方法适用于干砌石施工，石块宽面朝向与坡面方向垂直，水平分层砌筑，同一层仅有横缝，但竖向纵缝必须错开。

第二，花缝砌筑法，这种砌筑方法多用于干砌毛石施工，砌石水平向不分层，大面朝上，小面朝下，相互填充挤实砌成。

(2) 施工要求。

第一，不得使用有尖角或薄边的石料砌筑；石料最小边尺寸不宜小于20cm。

第二，砌石应垫稳填实，与周边砌石靠紧。严禁架空。

第三，严禁出现通缝、叠砌和浮塞；不得在外露面用块石砌筑，而中间以小石填心；不得在砌筑层面以小块石、片石找平；堤顶应以大石块或混凝土预制块压顶。

第四，承受大风浪冲击的堤段，用粗料石钉扣砌筑。

2. 浆砌石工程

浆砌石工程宜采用块石砌筑，如石料不规则，必要时可采用粗料石或混凝土预制块做砌体镶面；仅有卵石的地区，也可采用卵石砌筑。其中，砌体强度均必须达到设计要求。此外，在施工过程中应注意以下几个方面：

(1) 砌筑前，应在砌体外将石料上的泥垢冲洗干净，砌筑时保持砌石表面湿润。

(2) 应采用坐浆法分层砌筑，铺浆厚宜为 3 ~ 5cm，随铺浆随砌石。砌缝需用砂浆填充饱满，不得无浆直接贴靠，砌缝内砂浆应采用扁铁插捣密实；严禁先堆砌石块再用砂浆灌缝。

（3）上下层砌石应错缝砌筑；砌体外露面应平整美观，外露面上的砌缝应预留约 4cm 深的空隙，以备勾缝处理；水平缝宽应不大于 2.5cm，竖缝宽应不大于 4cm。

（4）砌筑因故停顿，砂浆已超过初凝时间，应待砂浆强度达到 2.5MPa 后才可继续施工；在继续砌筑前，应将原砌体表面的浮渣清除；砌筑时应避免震动下层砌体。

（5）勾缝前必须清缝，用水冲净并保持槽内湿润，砂浆应分次向缝内填塞密实；勾缝砂浆标号应高于砌体砂浆；应按实有砌缝勾平缝，严禁勾假缝、凸缝；砌筑完毕后，应保持砌体表面湿润，做好养护。

（6）砂浆配合比、工作性能等，应按设计标号通过试验确定，施工中应在砌筑现场随机制取试件。

四、钢筋混凝土工程施工

（一）模板工程

模板工程指新浇混凝土成型的模板以及支承模板的一整套构造体系，其中，接触混凝土并控制预定尺寸、形状、位置的构造部分称为模板，支持和固定模板的杆件、桁架、联结件、金属附件、工作便桥等构成支承体系，对于滑动模板、自升模板，则增设提升动力以及提升架、平台等。模板工程在混凝土施工中是一种临时结构。

1. 模板分类

（1）按照形状分为平面模板和曲面模板两种。

（2）按受力条件分为承重和非承重模板（承受混凝土的质量和混凝土的侧压力）。

（3）按照材料分为木模板、钢模板、钢木组合模板、重力式混凝土模板、钢筋混凝土镶面模板、铝合金模板、塑料模板、砖砌模板等。

（4）按照结构和使用特点分为拆移式和固定式两种。

（5）按其特种功能有滑动模板、真空吸盘或真空软盘模板、保温模板、钢模台车等。

2. 模板设计原则

(1) 实用性原则。模板要保证构件形状尺寸和相互位置正确，且结构简单，支拆方便，表面平整，接缝严密不漏浆等。

(2) 安全性原则。模板要有足够的强度、刚度和稳定性，保证施工中不变形，不破坏，不倒塌。

(3) 经济性原则。在确保工期质量安全的前提下，尽量减少一次性投入，增加模板周转，减少支拆用工，实现文明施工。

3. 模板荷载

(1) 荷载标准值。荷载标准值包括模板及其支架自重标准值、新浇筑混凝土自重标准值、钢筋自重标准值。

(2) 活荷载标准值。活荷载标准值包括施工人员及设备荷载标准值。

(3) 风荷载标准值。计算模板及支架结构或构件的强度、稳定性和连接的强度时，应采用荷载设计值（荷载标准值乘以荷载分项系数）。计算正常使用极限状态的变形时，应采用荷载标准值。

4. 模板荷载组合

按极限状态设计时，其荷载组合应按两种情况分别选择：①对于承载能力极限状态，应按荷载效应的基本组合采用；②对于正常使用极限状态，应采用标准组合。

5. 模板的安装与拆除

(1) 模板安装。模板应按设计与施工说明书循序安装。根据安装部位及安装方法的不同，模板常用的安装方法有起重机具吊装和人工架立等。

(2) 模板拆除。模板的拆除对混凝土质量、工程进度和模板重复使用的周转率都有直接影响。因此，应准确掌握拆模时间，拆完后应妥善管理。

（二）钢筋工程

1. 钢筋工程的施工准备

(1) 开始施工前，根据钢筋材料计划准备材料，分批组织钢筋进场，钢筋进场时附带原材料质量证明书（钢筋出厂合格证、炉号和批量等），钢筋进场时现场材料员核验（材料员应在规定的时间内将有关资料归档到资料员处）。

（2）钢筋进场后，现场试验人员立即通知项目技术负责人及监理，现场按规范规定的要求取样送试，进行拉伸试验（包括屈服点、抗拉强度和伸长率）及冷弯试验，试验不合格的钢筋及时清运出场外，钢筋复试合格后，方可使用。

2. 钢筋的加工工艺

（1）材料准备。钢筋表面应洁净，黏附的油污、泥土、浮锈使用前必须清理干净，可结合冷拉工艺除锈。

（2）钢筋调直。钢筋可用机械或人工调直，调直后的钢筋不得有局部弯曲、死弯、小波浪形，其表面伤痕不应使钢筋截面减小5%。

（3）钢筋切断。钢筋切断应根据钢筋号、直径、长度和数量，长短搭配，先断长料后断短料，尽量减少和缩短钢筋短头，以节约钢材。

（4）钢筋弯钩或弯曲。钢筋弯钩的形式有三种，分别为半圆弯钩、直弯钩及斜弯钩。钢筋弯曲后，弯曲处内皮收缩、外皮延伸、轴线长度不变，弯曲处形成圆弧，弯起后尺寸不大于下料尺寸，应考虑弯曲调整值。

3. 钢筋绑扎的施工方法

（1）所有钢筋交叉点用20号或22号铁丝绑牢。

（2）22号铁丝绑扎直径12mm以下的钢筋，20号铁丝绑扎其他直径的钢筋；梁柱绑扎铁丝丝尾朝向梁柱心板，墙绑扎铁丝丝尾与受力筋弯钩一致。

（3）梁柱箍筋应与受力筋垂直，弯钩叠合处应沿受力筋错开设置绑扎，箍筋要平、直，开口对角错开，规格间距依照图纸，丝尾朝向梁柱心。梁两端箍筋距柱筋外皮50mm开始绑扎。

（4）梁、板钢筋先弹线后绑扎，上层钢筋弯钩朝下，下层钢筋弯钩朝上，丝尾部与弯钩一致，保护层垫块到位。弯矩较大钢筋放在较小钢筋的外侧。

（5）基础钢筋的绑扎，应根据图纸设计要求画出基础筋的间距线，并用墨线弹出，将钢筋按设计要求摆放。靠外两根钢筋的交叉点，必须满绑，中间的交叉点可相隔交错绑扎，但必须保证网片牢固。

（三）混凝土工程

1. 混凝土的制备

混凝土的制备就是根据混凝土的配合比，把水泥、砂、石、外加剂、矿物掺和料和水通过搅拌的手段使其成为均质的混凝土。

2. 混凝土的运输

混凝土的运输是指混凝土拌和物自搅拌机中出料至浇筑入模这一段运送距离以及在运送过程中所消耗的时间。

混凝土运输分为地面运输、垂直运输和楼地面运输三种情况。运输预拌混凝土，多采用自卸汽车或混凝土搅拌运输车。混凝土如来自现场搅拌站，多采用小型机动翻斗车、双轮手推车等运输。混凝土垂直运输多采用塔式起重机、混凝土泵、快速提升架和井架等。混凝土楼地面运输一般以双轮手推车为主。

3. 混凝土的浇筑

（1）基础面的处理。在地基或基土上浇筑混凝土时，应清除淤泥和杂物，并应有排水和防水措施。对干燥的非黏性土，应用水湿润；对未风化的岩土，应用水清洗，但表面不得留有积水。在降雨雪时，不宜露天浇筑混凝土。

（2）施工缝的处理。由于技术上的原因或设备、人力的限制，混凝土的浇筑不能连续进行，中间的间歇时间若超过混凝土的初凝时间，则应留置施工缝，施工缝的位置应在混凝土浇筑前按设计要求和施工技术方案确定。由于该处新旧混凝土的结合力较差，是结构中的薄弱环节，因此施工缝宜留置在结构受剪力较小且便于施工的部位。

（3）混凝土的浇筑。混凝土应由低处往高处分层浇筑，每层的厚度应根据捣实方法、结构的配筋情况等因素确定。在浇筑竖向结构混凝土前，应先在底部填入与混凝土内砂浆成分相同的水泥砂浆；浇筑中不得发生离析现象；当浇筑高度超过3m时，应采用串筒、溜管或振动溜管使混凝土下落。

为保证混凝土的整体性，浇筑混凝土应连续进行。当必须间歇时，其间歇时间宜缩短，并应在前层混凝土凝结前将次层混凝土浇筑完毕。混凝土运输、浇筑及间歇的全部时间不应超过混凝土的初凝时间。

（4）混凝土的捣实。混凝土的捣实就是使入模的混凝土完成成型与密实的过程，从而保证混凝土结构构件外形正确，表面平整，混凝土的强度和其他性能符合设计的要求。

混凝土浇筑入模后应立即进行充分的振捣，使新入模的混凝土充满模板的每一角落，排出气泡，使混凝土拌和物获得最大的密实度和均匀性。

混凝土的振捣分为人工振捣和机械振捣。人工振捣是利用捣棍或插钎等用人力对混凝土进行夯、插，使之成型，只有在采用塑性混凝土，而且缺少机械或工程量不大时才采用人工振捣；采用机械振捣混凝土，早期强度高，可以加快模板的周转，提高生产率，并能获得高质量的混凝土，应尽可能采用。

4. 混凝土的养护

混凝土的凝结与硬化是水泥与水产生水化反应的结果。在混凝土浇筑后的初期，采取一定的工艺措施，建立适当的水化反应条件的工作，称为混凝土的养护。养护是为混凝土硬化创造必要的湿度、温度等条件。常采用的养护方法包括标准养护、热养护、自然养护，根据具体施工情况采用相应的养护方法。对高耸构筑物和大面积混凝土结构不便于覆盖浇水或使用塑料布养护时，宜喷涂保护层（如薄膜养生液等）养护，防止混凝土内部水分蒸发，以保证水泥水化反应的正常进行。

五、土石坝工程施工

土石坝包括各种碾压式土石坝、堆石坝和土石混合坝。按施工方法可以分为干填碾压、水中填土、水力充填以及定向爆破筑坝等类型。目前，国内外仍以机械压实土石料的施工方法为多。

（一）碾压式土石坝施工

碾压式土石坝是在坝基清理之后将开挖合格的土石料装运上坝，卸载在指定部位，按规定的厚度铺平，经过碾压密实而逐层填筑到坝体设计断面筑成的土石坝。

1. 碾压式土石坝的作业内容

（1）准备作业，主要包括：①平整场地、通车、通水、通电。②架设通信线路；建房；排水清基。

（2）基本作业，主要包括：①土石料开采、挖、装、运、卸；②坝面铺平、压实、质检。

（3）辅助作业，主要包括：①清除施工场地和料场的覆盖物；②从上坝土料中剔除超径石块、杂物；③坝面排水；④层间刨毛和加水。

(4) 附加作业，主要包括：①坝坡修整；②铺砌护面石块；③铺植草皮。

2. 坝面作业的基本要求

坝面作业施工程序包括铺料、整平、洒水、压实（对于黏性土料，采用平碾，压实后尚须刨毛，以保证层间接合的质量）、质检等工序。为了避免各工序之间相互干扰，可将流水作业进行组织单位压实遍数的压实厚度最大者，即在满足设计干容重的条件下，压实厚度同压实遍数的比值最大者视为最经济合理的组合。

3. 铺料与整平

铺料宜平行坝轴线进行，铺土厚度要均匀，超径不合格的料块应打碎，杂物应剔除。进入防渗体内铺料，自卸汽车卸料宜用进占法倒退铺土，使汽车始终在松土上行驶，避免在压实土层上开行，造成超压，引起剪力破坏。汽车穿越反滤层进入防渗体，容易将反滤料带入防渗体内，造成防渗土料与反滤料混杂，影响坝体质量。一般采用带式运输机或自卸汽车上坝卸料，采用推土机或平土机散料平土。

4. 碾压

(1) 进退错距法，该法操作简便，碾压、铺土和质检等工序协调，便于分段流水作业，压实质量容易保证。

(2) 圈转套压法，该法要求开行的工作面较大，适合于多碾滚组合碾压。其优点是生产效率较高，但碾压中转弯套压交接处重压过多，易超压。

5. 接头处理

在坝体填筑中，层与层之间分段接头应错开一定距离，同时分段条带应与坝轴线平行布置，各分段之间不应形成过大的高差。接坡坡比一般缓于1∶3。坝体填筑中，为了保护黏土心墙或黏土斜墙不至于长时间暴露在大气中，一般都采用土、砂平起的施工方法。对于坝身与混凝土结构物（如涵管、刺墙等）的连接，靠近混凝土结构物部位不能采用大型机械压实时，可采用小型机械夯实或人工夯实。填土碾压时，注意混凝土结构物两侧均衡填料压实，以免对其产生过大的侧向压力，影响其安全。

(二) 堆石坝施工

用堆石或砂砾石分层碾压填筑成坝体，用钢筋混凝土面板作为防渗体的坝，称为钢筋混凝土面板堆石坝。该坝型主要由堆石体和防渗体组成，其中堆石体从上游向下游依次主要由垫层区、过渡区、主堆区和次堆石区组成；防渗体由钢筋混凝土面板、趾板、趾板地基的防渗帷幕、周边缝和面板间的接缝止水组成。

1. 坝体填筑的施工工艺

（1）施工准备。坝体填筑原则上应在坝基、两岸岸坡处理验收以及相应部位的趾板混凝土浇筑完成后进行。但有时考虑到来年度汛要求，填筑工期较紧，所以在基坑截流后，一般前期除趾板区和坝后有量水堰施工区等有施工干扰外，其他区域覆盖层依照设计要求清理后即可考虑先组织施工。采用流水作业法组织坝体填筑施工，将整个坝面划分成若干施工单元，在各单元内依次完成填筑的测量控制、坝料运输、卸料、洒水、摊铺平整、振动碾压等各道工序，使各单元所有工序能够连续作业。各单元之间应采用石灰线等作为标志，以避免超压或漏压。

（2）测量控制。基面处理验收合格后，按设计要求测量确定各填筑区的交界线，撒石灰线做标识，垫层上游边线可用竹桩吊线控制，两岸岩坡上标写高程和桩号；其中垫层上游边线、垫层与过渡层交界线、过渡层与主堆石区交界线每上升一层均应进行测量放样，主次交界线、下游边线可放宽到2/3层测量放样一次，施工放样以预加沉降量的坝体断面为准，考虑沉陷影响后的外形尺寸和高程，以设计要求的坝顶高程为最终沉降高程，坝体填筑时需预留坝高的0.5%～1.0%为沉降超高。填筑过程中每上升一层必须对分区边线进行一次测量，并绘制断面图，施工期间定线、放样、验收等测量原始记录全部及时整理成册，提交归档，竣工后按设计和规范要求绘制竣工平面图和断面图。

（3）坝料摊铺。坝体填筑从填筑区的最低点开始铺料，铺料方向平行于坝轴线，砂砾料、小区料、垫层料、过渡料及两岸接坡料采用后退法卸料，主堆石、次堆石和低压缩区料全部采用进占法填筑，自卸汽车卸料后，采用推土机摊料平整，摊铺过程中对超径石和界面分离料采用小型反铲挖土机配合处理，垫层料、过渡料由人工配合整平，每层铺料后采用水准仪检查铺料厚度，确保厚度满足要求。

（4）洒水。洒水一般采用坝面加水和坝外加水等方式，具体应根据不同施工条件选择。洒水主要是为了能充分湿润石料，以便在振动碾强烈激振力的作用下，块石相互接触部分棱角被击碎，从而减少孔隙率，细料充填空隙，以增加碾压的密实度。洒水量以碾压试验结果确定，对于有风化岩的掺配料，应适当增加洒水量，以便使掺配的风化岩料提前湿润软化。

(5) 压实。垫层料和过渡料多采用自行式振动碾进退错距法碾压，主、次堆石料和砂砾石料多采用牵引式振动碾碾压，振动碾一般沿平行坝轴线方向行进，靠近岸坡、施工道路边坡处除增加顺向碾压外，多采用液压振动夯加强碾压；主、次堆石料碾压采用进退错距法，错距由振动碾碾子宽度和碾压遍数控制，当振动碾碾子宽度为2m，碾压遍数为8遍时，错距一般为25m。坝坡接触带等大的碾压设备无法到位的区域，采用小型手扶式振动碾或液压振动夯加强碾压。

2. 坝体填筑应注意的问题

(1) 大坝各区料的界面处理。大坝填筑各区料的交接界面必须注意防止大块石集中，特别是垫层料与过渡料之间、过渡料与主堆石料之间，填筑料的粒径差距较大，采用后退法卸料，填筑时不能有超径石集中现象。界面上有大块石时，及时采用1m^{3}反铲挖土机或推土机清除，保证主堆石区不侵占过渡区、过渡区不侵占垫层区。

(2) 坝体与岸坡接合部的填筑。坝体地基要求不能有“反坡”现象，因此对边坡的反坡部位要先进行削坡或回填混凝土处理。坝料填筑时，岸坡接合部位易出现大块石集中现象，且碾压设备不容易到位，造成接合部位碾压不密实。因此，在接合部位填筑时，应减薄填筑铺料厚度，清除所有的大块石，采用过渡层料填筑。

六、混凝土坝施工

(一) 混凝土坝的施工方法

混凝土坝是以水工混凝土为筑坝材料修筑的坝体，包括重力坝、拱坝等主要坝型，是最常用的坝型。施工方法有现浇混凝土和预制混凝土两种。当前，世界上的混凝土坝绝大多数是采用常态混凝土法施工的。

现浇混凝土施工分为常态混凝土施工和碾压混凝土施工两种。常态混凝土施工一般是以一定配合比的砂、石、水泥、掺和料和外加剂加水拌和成流态混合物，在施工现场浇入按建坝程序和大坝施工要求所组立的浇筑分块模板内。经过养护，混合物凝结成具有相当强度的固体大块。经分坝段逐层逐块浇筑并按设计要求进行坝段间和分块间的接缝灌泉等措施，使各分块连成整体，即构成混凝土坝。碾压混凝土施工法是不分块、不分层整坝体浇筑，用类似土石坝工程的施工工艺，分层铺干硬性混凝土。用振动碾压实，全断面连续浇筑到顶。

（二）混凝土坝的施工程序

1. 混凝土坝的施工准备

施工准备主要包括：①修建下基坑道路；②大型施工机械的布设与安装；③修建专用混凝土供应线；④设置制冷及制热系统（针对高坝及不良气候地区特殊要求的施工工艺设施）。

2. 混凝土坝的施工导流

由于混凝土坝施工期间坝面过水对工程的损失和风险较小，故采用的导流标准较土石坝低，并且尽可能采用枯水期导流。汛期利用坝体缺口或设置底孔、梳齿等泄水。如果一个枯水期坝体不可能抢出枯水位，可以考虑布置过水围堰，汛期围堰过水，汛后恢复基坑再接着施工。

3. 混凝土坝地基的开挖与处理

坝基要求有一定的抗压强度和限定的压缩变形值，坝体要与基础接合紧密，胶结良好，因此坝基表层及风化软弱岩层应按设计要求挖除。为防止地基渗漏和加强地基承载力，还要将断层、软弱夹层和熔岩等不良地质构造挖除并处理好。为将地基的节理、裂缝胶结起来，使坝基达到坚固、密实与稳定，常用基础灌浆方法处理。在软基上建混凝土坝，要解决地基侵蚀、沉陷、渗漏等问题。

4. 混凝土制备

坝体使用的水工混凝土，除了应满足一般普通混凝土质量要求外，在不同的坝体部位还有低热、抗渗、抗冻、抗冲耐磨等不同性能要求，故其品种与标号繁多。混凝土质量控制严格，尤其是混凝土温度控制方面。为限制出机温度，要对混凝土原材料与拌和过程采取升温或降温措施。高坝或宽河床的长坝往往受混凝土运输条件的限制而在不同高程或左、右岸分散布置混凝土拌和系统。

5. 混凝土浇筑

坝体常分成许多坝段，各坝段又分层、分块进行浇筑。分层的高度，在基础约束区内常采用0.75～1.5m，脱离约束区后常采用1.5～3m，也有采用更高的。各分块尺寸都按整坝段宽度，一般不设横向施工缝。分块沿坝段纵向，要考虑混凝土浇筑能力和温度控制件的限制而设置垂直施工缝。至于薄拱坝或其他坝型，如混凝土浇筑能力强，又能满足混凝土温度控制要求，则可通仓浇筑不设垂直施工缝。浇筑块分缝方式很多，主要有错缝、纵缝（包括宽缝）及斜缝等。

近代大坝施工倾向于大仓面、薄层短间歇浇筑，以通仓最为先进。通仓浇筑即整坝段浇筑，不设垂直施工缝。由于不分缝，仓面准备工作量少，连续浇筑机械效率高，坝体升高速度快，同时没有纵缝灌浆问题，成为混凝土坝快速施工的一项主要措施。通仓浇筑面临的困难是仓面浇筑强度大，混凝土温度控制要求高。

6. 混凝土坝接缝灌浆

坝体混凝土在降温后体积收缩，浇筑块间接缝会张开，破坏坝的整体性。因此，施工后期进行接缝灌浆。灌浆时间宜选择在冬季浇筑块体积收缩、接缝张开时。为加快混凝土冷却，缩短大坝施工期，常采取人工冷却坝体混凝土的措施。

第二节　水土保持植被措施

水土保持植被措施是指在山地丘陵区以控制水土流失、保护和合理利用水土资源、改良土壤、维持和提高土地生产潜力为主要目的所进行的造林种草措施，也称为水土保持林草措施。“水土保持工作的植物措施包括水源涵养林、固沙造林等水土保护林的营造、水土保持草的种植等。”①

作为水土保持三大措施之一的植被措施--直备受水土保持工作者的重

① 聂祥瑞．基于水土保持工作中植物措施发挥的作用 [J]. 黑龙江水利科技，2014，42(04)：48.

视。近年来，随着党和国家西部生态环境建设与退耕还林还草政策的深入开展，植被建设成为恢复脆弱生态环境的主要措施。由于植被措施治理水土流失具有立体多点防侵蚀的特点，因此具有强大的防止水土流失的功能，并且与其他两种措施相比，治根治本，对地表的破坏程度也非常小，所以在水土流失中对生物措施的研究意义非常大。植被不仅能有效控制水土流失和土地荒漠化，改善生态条件，同时又是农林牧副业生产的可再生资源，是生产系统的生产者。

造林种草的水土保持作用表现在以下几个方面：

一、林冠截留降雨，减少土壤侵蚀

植被地上部分通过截流降雨，减少降雨击溅，减少表层结皮，以及枯枝落叶层的蓄积水分而削弱径流，延长入渗时间，达到减少侵蚀的目的。据观测，林冠截留降雨一般为15%～40%，针叶林（松林、云杉林等）树冠可截留雨量的18%～30%，阔叶林树冠则可截留雨量的20%左右。截留的雨水除一小部分蒸发到大气中外，其余大部分经过枝叶一次或几次截留以后，缓慢滴落或沿树干下流，改变了雨水落地的方式。林冠的截留作用，一方面减小了林下的径流量和径流速度；另一方面又推迟了降雨时间和产流时间，缩短了林地土壤侵蚀的过程，使侵蚀量大大减小。

另外，树干径流的雨水顺枝干到达地面后，一般在树干附近渗入土壤，有利于树木根系的吸收，避免了雨滴击溅侵蚀。

二、枯枝落叶层吸水下渗，调节径流

（一）林草地枯枝落叶层吸收调节地表径流的作用

林草地大量的枯枝落叶层，像一层海绵覆盖在地面，直接承受落下的雨水，保护地表免遭雨滴的溅击。枯枝落叶层结构疏松，具有很大的吸水能力和透水性。枯枝落叶的吸水量，因树种不同可达其自身质量的40%～260%；而腐殖质的吸水量可达其自身质量的2～4倍。据测算，每亩森林比每亩无林地多蓄水20m^3。5万亩森林所含水量相当于一个容量为100万m^{2}的小型水库。当其吸水饱和以后，多余的水分通过枯枝落叶层渗入土壤，变成地下水。因而，大大减少了地表径流。

此外，枯枝落叶层还能增加地表粗糙度，又形成无数细小栅网，分散水流，拦滤泥沙，大大降低了径流速度，减少了泥沙的下移，枯枝落叶层的挡雨、吸水和缓流作用具有非常重要的意义。林草地保持水土的大小，取决于枯枝落叶层的多少。因此，保持林草地的枯落物，是水土保持林草经营的重要措施之一。

(二) 林草地土壤的渗透作用

林草地每年可形成大量的枯枝落叶，加之土壤中还有相当数量的细根死亡，能增加土壤的有机质和营养物质。有机质被微生物分解后，形成褐色的腐殖质，与土粒结合成团粒结构，可以减小土壤容重，增加土壤孔隙度，改善了土壤的理化性质。同时，林草根系的活动也使土壤变得疏松多孔，这样有利于水分的下渗。大量的雨水渗入并蓄存于土壤内，变成地下水，在枯水期流入河川，不仅大大减少了地表径流及其对土壤的冲刷，而且改善了河川的水文状况，起到了调节径流和理水的作用。

三、固持和改良土壤，提高土壤的抗蚀性和抗冲性

(一) 固持土壤的作用

1. 深根的锚固作用

植物的粗深根系穿过坡体浅层的松散风化层，锚固到深处较稳定的土层上，类似于锚杆系统。在植被覆盖的岸坡上，相互缠绕的侧向根系形成具有一定抗拉强度的根网，将根系和土壤固结为一个整体；同时垂直根系将浅层根系土层锚固到深处较稳定的土层上，从而增加了土体的稳定性。

2. 浅根的加筋作用

植被的根系在土壤中错综盘结，使岸坡土体在根系延伸范围内成为土与根系的复合材料，根系可视为三维加筋材料。根系的加筋作用增加了土体的凝聚力，同时根系的张拉限制了土体的侧向变形。土中的根系加筋显然提高了土体的抗剪强度。

3. 降低岸坡土体孔隙水压力

岸坡的失稳与土体中水压力的大小有密切的关系。植物通过吸收和蒸发土体内水分，降低土体的孔隙水压力，增加土体之间的凝聚力，提高土体的抗剪强度，从而增加岸坡的稳定性。

(二) 改良土壤的作用

森林的改良土壤作用主要表现在通过制造有机物质和枯落物、腐根分解改善土壤理化性质等方面。森林通过庞大的树冠进行光合作用，制造有机物质，为林地土壤肥力改善提供了良好的条件。林木从土壤中吸收的有机物质少，而归还给土壤的有机物质多。林木每年有 60% ~ 70%的有机物质以枯枝落叶的形式归还于土壤，而只有 30% ~ 40%的有机物质用于自身的生长发育。林木每年从 $1hm^2$ 的土地上吸收的有机物质比农作物和草本植物少 10 ~ 15 倍。100 年生的云杉林地所含灰分物质为 $28t/hm^2$，有机质为 $520t/hm^2$，而 100 年生的橡树林地的灰分物质和有机质分别为 $62.3t/hm^2$ 和 $588t/hm^2$。所以，阔叶林地的有机物质和无机物质多于针叶林。在森林覆盖下的土壤经过长年累月有机质的循环积累，土壤肥力越来越高。

林地中根系数量非常多，对土壤理化性质影响很大。林木根系直接与土壤接触交织成网，不仅增加了土壤的孔隙度，而且向土壤内分泌碳酸和其他有机化合物，促进了土壤微生物的活动，加速了土壤有机化合物的分解。同时根系不断更新，腐根分解后也增加了土壤有机质，改善了土壤结构。

林内大量的枯枝落叶聚积在地表，形成了有机质，经过微生物的分解作用，提高了土壤腐殖质的含量。据测定，有林地土壤腐殖质含量比无林地多 4% ~ 10%。林地土壤腐殖质含量的增加，大大改善了土壤的质地、结构和其他理化性质。

草本植物茎叶繁茂，枯落物丰富，给土壤聚积了大量的有机物质。牧草的根系也能增加土壤的氮、磷、钾养分，尤其是豆科牧草的根系具有根瘤菌，能固定空气中的氮素。

此外，草本植物在减弱径流过程中，将径流携带的泥沙过滤沉积，也能增加土壤肥力。一般来说，种植牧草可使土壤有机质含量增加 10% ~ 20%。草本植物的枯落物和腐根，经微生物分解后，形成土壤腐殖质，加之密集的根系交织成网，促进了土壤团粒结构的形成，增加了土壤的吸水性、保水性和透气性，改善了土壤的理化性质。

（三）提高土壤的抗蚀性和抗冲性

土壤的抗蚀性指土壤抵抗径流对土壤分散和悬浮的能力，其强弱主要取决于土粒间的胶结力及土粒和水的亲和力。胶结力小且与水亲和力大的土粒，容易分散和悬浮，结构易受破坏和分解。土壤抗蚀性指标主要包括水稳性团聚体含量、水稳性团聚体风干率（风干土水稳性团粒含量 / 毛管饱和土水稳性团粒含量 ×100）和以微团聚体含量为基础的各抗蚀性指标，如团聚状况（微团聚体中＞ 0.05mm 的颗粒含量 / 机械组成分析中＞ 0.05mm 的颗粒含量）、团聚度（团聚状况 / 微团聚中＞ 0.05mm 的颗粒含量 ×100）、分散系数（微团聚体中＜ 0.001mm 和颗粒含量 / 机械组成分析中＜ 0.001mm 的颗粒含量 ×100）、分散率（微团聚体中＜ 0.05mm 的颗粒含量 / 机械组成分析中＜ 0.05mm 的颗粒含量 ×100）等。这些土壤抗蚀性指标的应用因不同区域而异。

成龄刺槐林地的腐殖质含量大于草地，疏草地与幼林地相当，二者均大于农地。沙棘和柠条灌木林地腐殖质含量的变化也具有相似的规律。成龄刺槐林地的水稳性团聚体含量及其风干率大于草地，草地大于幼林地和过熟林地。二者均大于农地，沙棘和柠条灌木林地水稳性团聚体含量及其风干率的变化也基本与刺槐林地相似。可见造林种草、恢复植被是提高土壤抗蚀性的主要途径。

土壤抗冲性指土壤抵抗径流的机械破坏和搬运能力。多年生的天然草地在茎叶十分茂密的情况下，土壤表层抗冲性高于林地，但在 20cm 土壤以下不会超过林地。林草植物增强土壤抗冲性的作用主要表现在其地被物层对地面径流的调蓄和吸收，以及根系对土壤的固持作用。地被物包括活地被物和枯落物，二者均有抗冲作用。当单位面积上活地被物茎叶数量多和枯落物厚度大时，其土壤的抗冲性就越强。

另外，林草地发达的根系网络能固结土壤，根系层是继枯落物层之后，对土壤抗冲性产生重大影响的又一活动层。植物根系不同径级对提高土壤抗侵蚀性有不同效应。根系提高土壤抗冲性的作用与≤ 1mm 的须根密度关系极为密切，须根密度越大，增强土壤抗冲性效应就越大。

四、植被措施防治风蚀

植物的地上部分主要通过以下生态过程对地表土壤形成保护作用:

第一，植物覆盖部分地表，避免了被覆盖部分受风力的直接作用。

第二，植物的存在增加了下垫面的粗糙度，这样就可以吸收和分散地面以上一定高度内的风动量，从而减少气流与地面物质之间的动量传递，达到减弱到达地表面风动量的目的。地表粗糙度和摩阻速率随植被盖度的增大而提高，临界侵蚀风速也会相应增大，所以在一定范围内，植被对土壤风蚀的抑制作用随盖度的增大而越来越显著。

第三，风蚀发生时，气流受到植物地上部分的阻挡、摩擦，消耗大量的运动能量，从而在植被层下形成速度较低的“束缚流”，阻止被蚀物质的运动，并促使其沉积。

植被在风蚀中的作用主要是由于改变了植被附近风速的分布，在植被带背面形成了一个明显的弱风区。但是，随着林带的远离，风速又会回到原来的状态。植被改变气流结构和降低风速主要是因为植被本身具有透风性，其稀疏、通风和紧密结构可有效降低风速及风的能量，减少风对土壤的侵蚀，不同植物防治风蚀的性能是不同的。

第三节　水土保持临时措施

一、水土保持临时措施的必要性分析

各水土流失防治区域是否布置水土保持临时措施需先进行必要性分析，在分析基础上再进一步确定防护措施标准、类型，应避免不加分析地机械照搬照用其他同类工程的设计。以实例工程各水土流失防治分区为例对临时措施布置的必要性及防护措施类型进行分析、探讨。

(一)主体工程区

主体工程区主要包括枢纽工程、管理区、电站、输水涵和防汛公路等区域，都存在挖、填形成临时边坡，水土流失强度通常较大，布置永久防治

措施不经济也不可行。故需通过水土保持临时措施进行防护，水土保持设计中应设有临时拦挡措施及沉沙池。

（二）临时道路区

临时道路区主要为枢纽工程施工临时道路及连接施工工区、临时堆场、土料场及弃渣场的场内临时道路，属临时占地，施工结束后需恢复原地类，主体工程未考虑相应的防护措施。为避免水土流失及其对道路两侧的不利影响，应布置水土保持临时防护措施。水土保持设计中应该设有临时排水措施，而忽略剥离表土及路基回填边坡（一般高于 2m 时）坡脚的临时拦挡措施，应予以补充。

（三）施工工区

施工工区主要为沿线路走向布置的四处施工工区，属临时占地，施工结束后需恢复原地类。主体工程未考虑相应的防护措施，为避免场地平整和利用期内场内汇水携泥沙外溢、阻止周边地表汇水冲入场内，应布置水土保持临时防护措施。水土保持设计中设有临时排水措施，但疏于考虑剥离表土的临时拦挡措施及苫盖措施，应予以补充。

（四）土料场区

设两处自采土料场，皆为切坡取土，属临时占地，施工结束后需恢复原地类，主体工程未考虑相应的防护措施，新增的水土保持工程措施及植物措施相对滞后，实际中往往土料开采结束后才跟进。开采期间水土流失严重，布置水土保持临时措施非常必要，水土保持设计中设有沉沙池、临时拦挡措施，忽略了更为重要的场内、外临时排水措施，应予以补充。

（五）临时堆场区

水库周边布设两处临时堆场，主要用于转运利用开挖料，属临时占地，施工结束后需恢复原地类。主体工程未考虑相应的防护措施，为避免松散堆料转运期间滚落外溢，应布置临时拦挡措施。为减少场内汇水携泥沙外溢，应布置临时排水措施及沉沙池，如遇大暴雨或大风扬尘天气应布置苫盖措施。水土保持设计中设有临时排水措施、临时拦挡措施及沉沙池，如临时堆料超过一个生长季，则应补充临时绿化措施。临时绿化应以简单、易于实施且防治效果较佳的撒播种草为宜。

二、水土保持临时防治措施设计

在分析确定各水土流失防治分区水土保持临时措施布置的必要性及防护措施类型之后，应结合每个分区的特点分析确定各临时防护措施类型的适宜性型式。之后一般采用典型断面法框算工程量，较少采用全面设计，典型断面设计时应依据具体情况，避免一个断面用到底，既不合理又影响工程量框算精度，也给后续设计带来不便。各类型防护措施型式应有针对性，应避免简单的重复，以实例工程各水土流失防治分区为例对各临时防护措施类型进行适宜性分析、探讨。

（一）主体工程区的防治措施

实例工程水土保持设计中设有临时拦挡及临时排水措施，临时拦挡措施采用编织土袋，沉沙池采用砖砌沉沙池。临时堆土及土方回填边坡利用编织土袋，临时拦挡填料可就地取材，利用结束后拆除料可就地平整，如填料采用剥离的表土还起到临时保存作用，相应减少了占地，施工便捷、适宜性较强。对水闸、电站等桩基础钻孔产生的泥浆，布置砖砌沉沙池进行收集，泥沙经沉淀后挖除，砖砌沉沙池拆除，适宜性较强，但四周应补充临时拦挡措施，可用编织土袋将开挖土方装袋临时拦挡于沉沙池四周，避免满溢及人畜、杂物等掉入，利用结束后拆除填料回填。典型断面设计时应根据其所处地形、拦护对象的不同有所区别，如高回填边坡坡脚临时拦挡应加宽加高断面、地形为坡面时应贴坡布置。

（二）临时道路区的防治措施

实例工程水土保持设计中设有临时排水措施，采用浆砌石矩形断面临时排水沟，适宜性较强，坡度较陡处可每隔 50m 对临时排水沟断面适当加宽、加深，起沉沙及减慢水流流速作用，减少冲刷。

（三）施工工区的防治措施

实例工程水土保持设计中设有临时排水措施，采用浆砌石矩形断面临时排水沟，施工工区场内多为硬化地面，地表汇流快，利用期相对较长，砖砌排水沟不易遭冲刷损坏。

（四）土料场区的防治措施

实例工程水土保持设计中设有临时拦挡措施及砖砌沉沙池，临时拦挡措施采用编织土袋临时拦挡，施工便捷，适宜性较强，如场内有透水性较强的砂土可用，则应用其作为填料，便于排水；沉沙池采用砖砌沉沙池，内壁用砂浆抹面。

（五）临时堆场区的防治措施

实例工程水土保持设计中设有临时排水措施、临时拦挡措施、沉沙池及塑料薄膜覆盖，临时排水措施采用砖砌矩形断面临时排水沟；临时拦挡措施采用编织土袋临时拦挡，施工便捷，适宜性较强，如临时堆料中有碎石或砂料时则应用作填料，便于排水；沉沙池采用砖砌沉沙池，内壁用砂浆抹面；临时苫盖措施采用塑料薄膜临时覆盖，塑料薄膜容易被刺破、划破，重复利用率不高，宜采用彩条布，苫盖措施应按施工进度安排及气象特征明确苫盖部位及方式，方便工程计量及进行估算投资。

第三章　水土保持生态修复与科技创新

生态修复作为治理水土流失的重要举措，能够有效抑制水土流失问题带来的一些损失。目前被广泛应用，并且已经取得了很大的成效。水土保持科技创新是推动水土保持事业又好又快发展的决定性因素。本章主要分析水土保持生态修复、水土保持科技创新。

第一节　水土保持生态修复

“生态修复是一项系统性的工程，其强调的是摆正人与自然的关系，并充分遵循自然演化规律，然后通过人工干预的方式促进自然演替过程。”[①]

一、水土保持生态修复的理论依据

（一）整体性原理

区域生态系统是由自然、经济、社会三部分交织而成的有机整体。其中，组成复合系统的各要素和各部分相互联系、相互制约，形成稳定的网络结构系统，使系统的整体结构和功能最优，处于良性循环状态。遵循这一原理，在黄土高原生态恢复中，必须在整体观指导下统筹兼顾、统一协调和维护当前与长远、局部与整体、开发利用与环境保护的关系，以保障生态系统的相对稳定性。

（二）限制因子原理

生物生存和繁殖依赖于各种生态因子的综合作用，但其中必有一种或

① 曹寒，马香玲，李洁．水土保持生态修复研究进展 [J]. 价值工程，2023，42(05)163.

少数几种因子是限制生物生存和繁殖的关键因子。若缺少这些关键因子，生物生存和繁殖就会受到限制，这些关键因子称为限制因子。在黄土高原生态恢复中，水分是主要制约植物生长的限制因子，这是由该区特殊的土壤结构造成的。由于黄土疏松通透，结构性差，在暴雨的打击下，极易形成大量的超渗流，而土壤自身持水能力差，从而使植物的生长受限。因此，采取有效措施，最大限度地把有限的大气降水充分保持与利用起来，改善土壤水分状况，是恢复该区生态系统的重要物质前提。

（三）物种多样性原理

生物群落是在特定的空间或特定的生态条件下生物种群有规律的组合，其内部往往存在着丰富的物种与复杂有序的结构，并且生物与环境间、生物物种间具有高度的适应性与动态的稳定性。这种群落的稳定性来源于生物物种的多样性，而且植物多样性又是生物群落其他生物多样性的基础。遵循这一原理，在黄土高原人工林建造过程中，应注意多种植物合理配置，科学构建多树种的混交林，尽量避免造单一树种的纯林。

（四）群落演替原理

群落演替包括原生演替、次生演替两种类型，通常次生演替的演替速度较原生演替速度快。在群落退化过程中的任何一个阶段，只要停止对次生植物群落的持续作用，群落就从这个阶段开始它的复生过程。演替方向仍趋向于恢复到受到破坏前原生群落的类型，并遵循与原生演替一样的由低级到高级的过程。遵循这一原理，在生态恢复过程中，可对一些退化生态系统进行适度撂荒、减少人为干扰，其恢复尽可能与群落演替阶段一致，将有助于生态系统的恢复。

（五）生物间相互制约原理

生态系统中生物之间通过捕食与被捕食关系，构成食物链，多条食物链相互连接构成复杂的食物网。由于它们的相互连接，其中任何一个链节的变化，都会影响到相邻链节的改变，甚至导致整个食物网的改变，并且在生物之间这种食物链关系中包含着严格的量比关系，处于相邻两个链节的生物，无论个体数目、生物量或能量均有一定比例，通常前一营养级生物能量转换成后一营养级的生物能量，遵循林德曼“十分之一定律”。在黄土高原生态恢复中，遵循这一原理，进行合理的生态设计，巧接食物链，发挥其最大功能和作用。

（六）生态位原理

在生态系统中，每个种群都有自己的生态位，生态位反映了种群对资源的占有程度以及种群的生态适应特征。在自然群落中，一般由多个种群组成，它们的生态位是不同的，但也有重叠，这样的布局有利于相互补偿，充分利用各种资源，以达到最大的群落生产力。在特定生态区域内，自然资源是相对恒定的，如何通过生物种群匹配，利用其生物对环境的影响，使有限资源得以合理利用，增加转化固定效率，减少资源浪费，是提高人工生态系统效益的关键。遵循这一原理，在黄土高原生态恢复中，考虑各种群的生态位，选取最佳的植物组合，是非常重要的。如“乔、灌、草”结合，就是按照不同植物种群地上地下部分的分层布局，充分利用多层次空间生态位，使有限的光、气、热、水、肥等资源得到合理利用，同时又可产生为动物、低等生物生存和生活的适宜生态位，最大限度地减少资源浪费，增加生物产量，从而形成一个完整稳定的复合生态系统。

二、水土保持生态修复的原则

水土保持生态修复要求在遵循自然规律的基础上，通过人类的作用，根据技术上适当、经济上可行、社会能够接受的原则，使受害或退化的生态系统重新获得健康，并有益于人类生存与生活的生态系统重构或再生过程。水土保持生态修复的基本原则如下：

（一）生态学为主导的原则

水土保持生态修复的基础依据是生态学的理论及原理，进行水土保持生态修复时，需要坚持生态学为主导，遵循生态学的规律以及原则。自然法则是生态系统恢复与重建的基本原则，换言之，只有遵循自然规律的恢复重建才是真正意义上的恢复与重建。只有在充分理解和掌握了生态学的理论和原则的基础上，才能更好地处理生物与生态因子间的相互关系，了解生态系统的组成以及结构，掌握生态系统的演替规律，理解物种的共生、互惠、竞争、对抗关系等，从而更好地依靠自然之力来恢复自然。

(二) 流域整体修复的原则

水土保持生态修复属于小流域综合治理中对生态修复理论以及技术的应用，以提升生态系统自我修复能力来加快水土流失的治理步伐。因此，对小流域治理中的生态修复，需要以流域为单位，从整体设计上保持生态修复的布局。与此同时，由于流域与上游以及下游之间有着紧密的联系，为了使生态修复效果更佳，将流域作为一个单元进行规划设计是一个必要的措施。

(三) 因地制宜的原则

我国是一个陆地领土面积广阔的国家，不同的地区自然条件差别较大，在降水量、水土流失强度、林草覆盖率、人口以及社会经济条件等都有着很大的差别。因此，生态修复的措施也有着一定的区别。由此可见，在一个地区的成功实例，并非完全适宜另一个地区，机械、教条地应用甚至无法达到治理的效果。在进行水土保持生态修复工作中，需要根据当地的实际情况，通过认真分析研究植被恢复的特点，选择适宜的生态修复技术及方法，促进生态修复工作的顺利开展。

(四) 经济可行性原则

社会经济技术条件是生态系统恢复重建的后盾和支柱，在一定程度上制约着恢复重建的可行性、水平与深度。虽然水土保持生态修复具有省钱且效果显著的优点，但是这并不意味着在进行水土保持生态修复规划设计中不考虑经济可行性的原则。所谓经济可行性原则，是在水土保持生态修复工作中的投入既要符合当前经济发展水平，使资金的投入有可靠的保证，又要分析封禁、退耕还林（草）等水土保持生态修复手段对当地经济发展的影响，对于一些条件允许的地区可以实行严格的封禁，若条件不允许则应该从经济可行性原则出发，将修复与开发利用相结合，从而保证既能够做到经济的发展，又能够很好地保护生态环境。

（五）可持续发展性原则

可持续发展强调，实现人类未来经济的持续发展，必须协调人与自然的关系，努力保护环境。而作为人类生存和发展手段的经济，其增长必须以防止和逆转环境进一步恶化为前提，停止那种为达到经济目的而不惜牺牲环境的做法。但可持续发展并不反对经济增长，反而认为，无论是发达地区还是贫穷地区，只有积极发展经济，才是解决当前人口、资源、环境与发展问题的根本出路。

三、水土保持生态修复的特点

（一）水土保持生态修复的主要手段需重视封育保护

水土保持生态修复是通过降低乃至解除生态系统超负荷的压力，从而依靠自然的再生以及调控能力促进植被的恢复以及水土流失的治理。因此，在水土保持生态修复中，采取封山禁牧，停止人为干扰是其主要的手段之一，而封禁是其核心。采取封禁治理，能够在很大程度上提高林草的覆盖率，土壤侵蚀模数明显降低，从而使水土流失问题得到有效的治理，很好地改善当地的生态环境。

（二）水土保持生态修复适宜程度和难度有很大的差别

水土保持生态修复适宜地区的选择是有条件的，不同地区的适宜程度和生态修复的难度差异很大。其主要表现在以下几点：①对于人口密度以及土地承载力小的地方，更适宜生态修复的开展；②地区的降水量需保持最少在300mm以上；③为了能够更好地保障耐旱、耐贫瘠草、灌的生长，区域内的土层厚度应超过10cm；④即使区域水土流失严重，但并非寸草不生；⑤区域内的林草覆盖率需大于10%；⑥人均基本农田需大于0.03hm^2；⑦区域内无严重的地质灾害，如泥石流、滑坡等。理论上讲，水土保持生态修复只要是对土地没有高效高产要求以及不是寸草不生的情况下都可以实施，但是其修复的适宜程度和难度有很大的差别。

（三）水土保持生态修复离不开人工及政策措施的辅助

依靠封禁并非水土保持生态修复的唯一途径，其生态修复离不开人工以及政策措施的辅助。

第一，可采取人工育林育草的措施加快封禁区的生物量生长，如因地制宜地补植补种、防治病虫害等，同时保证生态用水等措施也是非常重要的。

第二，有必要采取相应的管理措施，只有将封禁区的管理工作做好，才能够更好地保障居民的生产生活，同时更好地促进封禁区水土保持生态修复取得一定的成效。

四、水土保持生态修复范式运行的内在机制

黄土高原通过人工措施，使受损生态系统恢复合理的结构和功能，使其达到能够自我维持的状态。近年来，黄土高原各地实行的“封山育林、封山禁牧、建立自然保护区”等措施在增加地表覆盖、控制水土流失等方面起到了良好效果，使人们逐步认识到通过不同时段的人工诱导，生态系统自身可以修复被破坏的现状，控制环境进一步恶化，达到费省效宏的效果，甚至优于同类型条件下的人工高度治理的流域。

水利部在总结多年来水土保持实践经验的基础上，对水土保持生态建设提出了新的思路，即在水土保持生态环境建设中，坚持人与自然和谐共处的理念，充分利用和发挥生态系统的自我修复能力，以加快植被恢复、加强植被保护和增加植被覆盖为基础，积极开展综合治理，实施大面积生态恢复，实施生态自我修复与人工治理相结合，即大封育小治理的水土流失防治范式，加快水土流失治理的步伐。水土保持生态修复范式运行的内在机制如下：

（一）生态修复范式运行中的动力机制

任何系统的运转都离不开动力的支持，没有动力的支持则系统难以运转。水土保持生态修复范式作为一个将各种要素组装起来的系统，其运转过程中必然需要一定的推拉动力。否则，就难以成为一个有价值的范式。动力机制对生态系统恢复范式而言，在一定影响范围内，要对每一个影响可持续

发展的具体因子给予关注，并且要有关注的动力，使之具有主动性。从主体因素来看，水土保持生态修复范式运转所需要的动力主要来源于黄土高原地区的各个主体对生活水平目标提高的追逐、对环境改善程度增大的希望和对经济不断发展及社会不断文明的期盼。而这些目标的实现过程，是一个耗费能量的过程（精神能和物质能），需要源源不断的能量补给。这种存在于能耗与能补之间的关系及其确保这种关系的协调发展便成为动力机制运转的核心所在。

对于黄土高原地区生态系统恢复主体来说，动力机制的运转能否顺畅涉及是否能够保证农民收入和地方财政在一个可以预见的未来有所增长。当然，不管是农民个人，还是地方政府群体，其水土保持生态修复范式的方式及收入增长的来源渠道可以有多种，如直接增加产品产出，外部或上级主体的投资或资金拨入等。因为这关系到区域内部主体的积极性问题，即动力生成问题。如果不能存在一个预期，或者不能出现一个理想的预期，则对区域主体缺乏刺激或者刺激不够而导致动力衰减，并由此最终影响黄土高原地区水土保持生态修复范式的运转。

因此，在水土保持生态修复范式中，其动力机制运转的关键在于采取多种措施来不断地培育动力，运用正确的方式来不断增强对区域主体的刺激（正的刺激或负的刺激），使之能够确保生态系统恢复范式运转所耗费的能量补给，从而保障黄土高原地区水土保持生态修复范式的顺畅。

（二）生态修复范式运行中的协调机制

水土保持生态修复范式作为一个系统，是由许多个不同的子系统组成的，如从构成模块来看，就有环境子系统、经济子系统、社会子系统等；从能量传输关系来看，又有投入子系统和产出子系统。而在每个子系统内，也存在着许多个不同的单元，如在经济子系统内，就有农业经济单元、工业经济单元和商业经济单元等；在投入子系统内，也存在着物质要素投入单元和劳动力要素投入单元等。而每一个单元又存在着许多个不同的部件，如农业经济单元中，有种植业生产、畜牧业生产和林业生产等。因此，要保持范式的良好运转，则各个部件、单元或者子系统之间就必须相互协调，密切配合，使之成为一个有机的整体。

水土保持生态修复范式作为一个开放型的系统，是一个有机的整体，其内部的各个子系统、单元或部件之间毫无疑问地存在着互相依存、互相联系的高度关联性。范式系统内的各个组成要素之间的联系不是简单的拼凑和组装，而是通过分工与协作，把各个功能相异的构成要素组装成一个具有完整功能的、能够有利于实现当地可持续发展目标的系统。其要素、部件、单元及子系统之间的分工是紧紧围绕着当地可持续发展目标的实现所做出的分工，其相互协作也是由此而进行的相互配合，是对分工的一种落实。以资源利用子系统各个要素之间分工关系建立的基础，也是实现其相互之间有机配合和密切协作的关键。因此，建立和完善生态系统恢复范式运转中的协调机制，对增强范式的功能和提高范式的运转效率具有重要意义。

（三）生态修复范式运转中的自修复机制

修复机制是指水土保持生态修复范式系统在推广或者运转过程中，由于外部环境与条件的变化，使得原有的或者既定的范式在某些方面因不能适应这些新的变化而自我做出的适当调整，使之在符合或者遵循自身内在演变轨迹的情况下，职能更加完善，作用更加强大。自修复机制的建立反映了事物发展过程中的动态演变规律，又说明了同类区域里的不同地域之间所存在着的一定差异，是既定范式在推广过程中对外在变化的一种本能反应，因而成为水土保持生态修复范式运转过程中的内在要求。

由于各种自然的（如自然环境的变化等）和社会的原因（如技术的进步、生产力水平的提高和生产关系的变革等），社会经济系统总是处于不断变化的状态。水土保持生态修复范式作为一种特殊的社会经济系统，自然也会在周围环境与条件的发展变化过程中呈现出一个动态演进的状态。而这种演进的过程不能离开水土保持生态修复范式的本质特点，必须依循其内在的固有轨迹展开。为此，在水土保持生态修复范式的运转过程中，就必须构造和建立一种能够完成这种使命的机制。

建立水土保持生态修复范式运转中的自修复机制，主要存在以下原因：

第一，从横向看，在同样一个类型区域，如西北的黄土高原丘陵沟壑区，尽管大的地形地貌相似，自然条件趋同，但各个县域之间仍然存在着一定的差异，或者是微气候条件上的差异，或者是社会经济发展水平上的区别，或者是文化背景与风俗习惯上的不同。这就使一个既定的范式不能完全照搬照套，而应该根据当地的具体情况对范式做出适当的调整，使之更加符合推广地区的实际。如峁状丘陵沟壑区和梁状丘陵沟壑区同属于黄土高原丘陵沟壑区，但又有事实上的区别。

第二，从纵向看，事物发展的动态性特征更加明显，尤其是生产力水平的不断提高和生产关系的不断调整，更是对一个范式成功与否的严峻挑战。如果范式不能对此做出自我调整和自我适应，那么该范式的生命力将十分有限。当然，在自我调整与自我修复的过程中，其方式和方法可以是多种多样的，如在范式内部引入新的成分，或者分化出新的子系统，或者增加新的要素等。总之，要运用一切办法使范式能够正常运转，并且保持在一个高效的和富有生机的运转状态。

第二节 水土保持科技创新

一、水土保持科研发展

“水土保持作为建设生态文明的重要内容，亟须响应国家创新驱动发展战略，进一步发挥水土保持科技创新驱动能力，推动中国水土流失防治进程。”① 水土保持科学的重点是研究水土流失地区水土资源与环境演化规律及各要素之间的相互作用过程，建立土壤侵蚀综合防治理论和技术体系，促进人与自然的和谐和经济社会可持续发展。许多国家都十分重视水土保持与生态环境保护工作，投入大量的人力、物力和财力开展土壤侵蚀和水土资源保护研究，并取得了一系列成就。

（一）注重土壤侵蚀机理研究

建立土壤侵蚀预报模型，强调开发水土保持生态环境效应评价模型，扩展土壤侵蚀模型的服务功能，将模型引入农业非点源污染物的运移机理与预报研究。以美国、英国等为代表的西方发达国家先后研发了通用土壤

① 鲁胜力，朱毕生．科技创新对中国水土保持事业的影响 [J]. 水土保持通报，2014，34（05）：309.

流失方程（RUSLE2.0），土壤侵蚀预报的物理模型，如 WEPP、EUROSEM、LISEM、GUEST、WEPS 等。

（二）注重研究手段革新

应用空间技术和信息技术，推动水土保持的数字化研究；美国等发达国家，利用高分辨率的遥感对地观测技术、计算机网络技术和强大的数据处理能力，开展了全球尺度的土壤侵蚀与全球变化关系研究。利用核素示踪技术和径流泥沙含量与流量在线实时自动测量等新技术，使得对土壤侵蚀和水土保持过程的描述更加精细，水土保持科学逐步向精确科学发展。

（三）水土保持的理念不断深化

将水土保持与环境保护、江河污染和全球气候变化，水土保持与提高土地生产力、区域生态修复、环境整治，水土保持与水利工程安全、地质灾害等联系起来开展多学科交叉研究，不但深化了水土保持的理念，开拓了水土保持的研究领域，而且提高了水土保持在国家经济、社会可持续发展中的地位与价值。

（四）注重生态系统健康评价与生态修复

近年来，世界各国纷纷出台有关生态保护、生态建设的政策，并组织科研机构和专业人员进行系统研究。当前生态系统修复研究最受关注的问题是生态系统健康学说，主要包括从短期到长期的时间尺度、从局部到区域空间尺度的社会系统、经济系统和自然系统的功能，从区域到全球胁迫下的地球环境与生命过程。其目标是保护和增强区域甚至地球环境容量及恢复力，维持其生产力并保持地球环境为人类服务的功能。

（五）注重流域水土资源开发与保护

自 20 世纪 80 年代开始，在欧洲和北美，人们开始反思水土流失治理与河流保护问题。人们认识到河流是系统生命的载体，不仅要关注河流的资源功能，还要关注河流的生态功能。许多国家通过制定、修改水法和环境保护法，加强河流的环境评估，以实现水土等自然资源的合理经营及河流的服务功能。

（六）注重水土保持与全球气候变化

全球气候变化是世界各国高度关注的问题，投入了大量人力、物力用于研究应对策略。其中，植树种草引起的土地覆被变化（碳循环变化），土壤侵蚀和泥沙搬运引起的土壤有机碳的变化，进而与全球生源要素（C、N、P、S）循环乃至全球气候变化的耦合关系等已成为国内外研究的热点问题。

二、水土保持科研现状

经过半个多世纪的努力，我国水土保持工作逐步发展成为一门独立的学科，在我国科学体系中占有一定地位。

第一，初步形成了水土保持基础理论体系。通过长期水土流失治理实践、试验研究、观察和测试，摸清了中国水土流失的基本规律，提出了土壤侵蚀分类系统，建立了以土壤侵蚀学、流域生态与管理科学、区域水土保持科学为基础的中国水土保持理论体系。

第二，建立了一批小流域水土流失综合治理样板，总结出比较完整的小流域水土流失综合治理理论与技术体系。基本建立起适应不同地区、不同地理环境、不同土壤侵蚀类型的水土流失防治方法、模式和技术措施，逐步形成了以小流域为单元，合理利用水土资源，各项工程措施、生物措施和农业技术措施优化配置的综合技术体系。

第三，初步建立起水土流失观测与监测站网。在不同类型区建立起一些小区、小流域及流域等不同空间尺度的监测站点，开展了水蚀、风蚀、重力侵蚀、冻融侵蚀等不同形态和侵蚀作用力下的水土流失观测。开始建立全国水土保持监测网络和信息系统，信息收集和整编能力不断提高，为水土保持科研和宏观决策提供了基础数据。

第四，建立了较为完善的水土保持技术标准体系。已颁布实施的技术标准涵盖了水土保持规划设计、综合治理、生态修复、竣工验收、效益计算、工程管护、监测评价、信息管理等各个方面，基本上形成了比较完整的水土保持技术标准体系，为实现科学化、规范化管理提供了技术保障。

第五，初步构建了水土保持科学研究与教育体系。在服务生产的过程中，水土保持科研和教育队伍不断壮大，从业人员不断增多，科研实验和观测手段不断完善。

三、水土保持指导思想及原则

（一）水土保持指导思想

以科学发展观为指导，坚持以人为本，以建设资源节约型和环境友好型社会，服务国家生态安全、粮食安全、防洪安全和饮水安全为目标，全面提升我国水土保持科学研究水平，解决国家水土流失治理与生态建设中的重大科技问题，以自主创新、重点跨越、支撑生态建设为重点，强化水土保持若干重大基础理论与关键技术研究，为国家宏观决策和区域土壤侵蚀防治提供科技支撑，全面推动水土保持科技发展，防止新的水土流失，逐步减缓现有水土流失强度，减少水土流失面积，促进水土资源的可持续利用和生态环境的可持续维护。

（二）水土保持基本原则

1. 面向实际，理论研究与生产实践相结合

从生产实践的紧迫需求出发，紧紧围绕生态环境保护与建设，结合水土保持重点治理工程，特别是国家重点项目，研究并解决重大关键性技术问题。坚持理论研究与技术推广应用相结合，公益性研究与市场化开发相结合，生态、经济、社会效益相结合，不断提高科技成果的转化率。

2. 重点突破，长远目标和近期目标相结合

水土保持科研领域同样面临着许多重大的理论问题和实际问题，要坚持有所为、有所不为。实施重点跨越，优选一批对水土保持生态建设影响重大的项目，集中力量，攻破难点。同时，依据水土保持学科发展与国家土壤侵蚀治理的需求和国家投入能力的客观实际，将近期目标与长远目标相结合。超前部署前沿技术和基础研究，引领科学研究的前沿，推动水土保持学科发展与水土保持工作的发展。

3. 兼收并蓄，集成创新与引进吸收相结合

根据我国土壤侵蚀的特点，研究探索具有创新性的治理途径，特别要

倡导原始创新、集成创新、引进吸收和消化再创新。广泛研究和应用推广水土保持新材料、新技术、新工艺，提高水土保持的科技含量和创新内容。在自主创新的同时，积极引进、吸收和消化国际水土保持与生态建设的最新科学理论与研究成果，开创具有中国特色的水土保持科技新领域。

4. 注重成效，实用技术开发与高新技术应用并举

水土保持既是一门传统行业，也是一门应用性极强的学科。一方面要注重实用性强、易接受、投入少、成本低、见效快的实用技术的开发、集成与传统工艺的改造；另一方面要跟踪高新技术的发展，为水土流失治理提供全新的技术手段，拓宽治理的途径，提高治理的速度与效益。

四、水土保持科研平台

（一）三峡库区水土保持与环境研究站

1. 野外站概况

三峡库区水土保持与环境研究站（简称三峡站）位于三峡库区中游左岸，重庆市忠县石宝镇境内，地理坐标为东经 108° 10 '，北纬 30° 25 '，距忠县城区 30km。

2. 基础条件

三峡水库已建立了自动在线探测、无线数据采集、室内样品实验分析、田间模拟实验和遥感技术结合的立体动态监测平台以及计算机过程模拟与数据信息管理系统。其中，野外基础观测设施包括 18 个面源污染人工模拟观测场、12 个标准土壤侵蚀观测径流小区、6 个果园自然坡面径流小区、4 个消落带泥沙淤积与库岸侵蚀观测场、3 个水文把口站、2 个自动气象站、2 个消落带植物培育基地、1 个人工模拟降雨实验场、1 个村落废水沟渠湿地生态净化试验观测场、1 个城镇污水生态净化试验观测场。

3. 研究方向及定位

（1）总体定位。三峡库区在我国，特别是长江流域的社会经济、生态屏障和水安全方面具有重要的战略地位，三峡工程是长江流域水资源与水利水电梯级开发的重大工程，在防洪、发电、水资源保障、航运等方面发挥巨大的综合效应。同时，三峡工程的建设与运行和库区移民安置对库区及流域生

态系统、地表过程和社会经济已经产生了重大的影响，引起社会广泛关注。为此，中国科学院成都山地灾害与环境研究所针对三峡库区水土流失强烈、面源污染严重和消落区生态退化等问题，开展定位观测试验、开发防治关键技术、建立监测实验台站。为库区退化生态系统的恢复与重建、社会经济可持续发展提供重要的科学技术支撑和“山绿、水清、民富、理明”示范模式，为国家宏观决策提供准确的信息和科学依据。

（2）研究方向。以水土保持学、环境科学和生态学为主要学科方向，研究三峡库区平行岭谷山地地带自然过程与人为干扰下的土壤侵蚀产沙过程、坡面水—沙—污染物质耦合迁移转化规律、消落带生态环境退化与保护，揭示移民后人类活动及环境变化对加速坡面侵蚀产沙过程、面源污染负荷、山地农业生态系统结构与功能，为构建三峡库区合理的水沙控制模式与高产高效可持续的农业生产体系，保护消落带生态环境提供理论支撑与技术模式。

（3）当前研究重点包括：①坡地土壤侵蚀过程与小流域泥沙平衡；②坡耕地整治与高效生态农业试验示范；③山区聚落与城镇农业面源污染过程与机理；④消落带生态环境退化规律与保护。

4. 承担项目情况

自 2007 年建站以来，主要围绕三峡库区水土流失与面源污染及消落带生态环境退化问题开展了定位观测与野外试验，先后有多项国家重大项目在本站开展实施。目前，有国家科技支撑计划、中科院西部行动计划、自然科学基金项目、中科院西部之光项目及国家部属项目等在三峡站开展工作。

5. 研究成果

（1）针对水平梯田投入高、风险大、农民不乐意接受等问题，研发低成本的“大横坡 + 小顺坡”“坡式梯地 + 地埂经济植物篱”等技术，科学设计坡式梯田的参数和植物篱的宽度，高效地防治坡耕地水土流失，提高土地质量。

（2）针对大面积经果林内水土流失严重、杂草繁盛、大量使用除草剂等问题，研发低成本的生态立体种植技术，充分利用光、热、水、土资源，提高土地产出率、控制水土流失、减少农药除草剂的用量。

（3）针对水土保持设施完善的基本农田和果园，经济价值高，农民投入积极性较高，但化肥、农药和除草剂等用量较高，面源污染严重等问题，研发有控缓释定点施肥，有机肥使用、定向施药和诱杀施药技术以及农业废弃物循环利用技术。

（4）针对来自坡耕地地表径流和村落生活污水，在自然沟渠中设计跌水爆氧和小型人工湿地消减溪流中的 C、N、P 等面源污染物，改善水质。

（5）在改善消落带生态功能、友好利用土地资源和产生最小二次生物污染的前提下，研发了消落带耐淹植物的种植技术。

（二）水土保持信息综合管理平台

水土保持信息综合管理平台结合水土保持业务，开发能够对水土保持信息进行处理、对水土流失进行分析预测、对水土流失防治进行管理、对水土保持效果进行评价、对监测信息进行查询和发布的应用系统。

1. 水土保持空间信息子系统

水土保持空间信息子系统是各类基础地理数据的统一汇总中心，是基础地理信息数据进行存储、管理以及应用的系统平台。各类地理信息数据经过采集、格式标准化后自动导入数据平台，业务平台则需调用基础地理数据平台的信息来实现各种业务功能。

2. 生产建设项目监管系统

生产建设项目监管系统能够实现数据收集、利用、导出等功能，包括生产建设项目位置、图斑、信息的浏览查询和现场监管的移动端系统，实现生产建设项目信息的采集、录入、发布、管理和应用。能够直观展示生产建设项目防治责任范围及扰动图斑范围，能够查看项目空间位置及基本信息，支持展示移动端采集结果，为监督、检查、管理提供强有力支撑。此外，移动版还能够辅助业务人员进行实地检查记录。

3. 综合治理项目管理系统

综合治理项目管理系统主要对国家重点治理工程、坡改梯工程、国家农发工程、侵蚀沟治理工程等重点治理项目进行系统的管理、查询、应用。将重点项目“图斑精细化”的成果数据进行入库、发布，系统可对重点项目的位置、基本信息、精细图斑等信息进行浏览、查询，直观掌握全省重点项目情况，为水土保持重点工程信息化管理奠定基础。

五、水土保持科研发展需求

(一) 深化水土保持科技体制改革与创新体系建设

1. 推进水土保持现代科技管理体制建设

加强国家水土保持科技管理协调，积极稳妥地推进水土保持科研机构管理体制的改革，强化宏观指导与调控，健全国家级水土保持科技决策机制，消除体制机制性障碍，加强部门之间、地方之间、部门与地方之间的统筹协调，切实整合科技资源，进一步加强工程技术研究中心和重点实验室建设。对于服务国家公益性基础研究的水土保持研究院（所、校）要加强科研能力建设，建立稳定的投入机制，逐步建立起有利于水土保持科技发展的现代科技管理体制。

2. 推进地方和流域科研机构的改革

具备市场应对能力的应用研究和技术推广机构，要向企业化转制或转制为科技服务机构；对承担区域基础研究和监测的机构，政府要给予一定的支持。同时要拓宽工作领域，面向市场，增强自我发展能力，加强技术推广和技术咨询、工程监理等服务。

(二) 建立与完善水土保持科技政策与投入体系

1. 加大对技术推广的支持力度

建立推广水土保持综合治理先进适用技术的新机制，在国家重大生态工程建设项目中列专项经费用于开展重大技术攻关和实用技术推广，重点支持工程建设中亟待解决的重大科技问题研究。

2. 建立多元化、多渠道的科技投入体系

充分发挥政府在投入中的引导作用，通过积极争取各级财政直接投入、税收优惠等多种政策，引导和调动地方、企业投入水土保持公益性科学研究的积极性。

(三) 构建科研协作网络与科技基础条件平台

水土保持科技协作网以全国水土保持生态建设的需求为导向，以提高水土保持工程科技含量和加快生态环境建设速度为目标，制定全国水土保持科技协作规程，有计划、有步骤地组织全国水土保持科研单位，围绕重大科技问题联合攻关、协同作战。

1. 科技基础条件平台

多部门协作，建立以信息、网络技术为支撑，将土壤侵蚀研究实验基地、大型科学设施和仪器装备、科学数据与信息、自然科技资源等组成科技基础条件平台，通过有效配置和共享，服务于全社会科技创新。

2. 建立科技资源的共享机制

根据“整合、共享、完善、提高”的原则，制定各类科技资源的标准规范，建立促进科技资源共享的政策法规体系。针对不同类型科技条件资源的特点，采用灵活多样的共享模式。

（四）完善水土保持应用技术推广体系

教学、科研和各级业务主管部门，要面向生产实践，建立面向基层的技术服务和科技推广体系，确保推广工作落到实处；加强对广大群众的培训，采取户外教室与实用技术培训相结合的措施，促进科技成果向现实生产力的转化；不断总结和大力推广新的实用技术。

（五）加强水土保持试验示范与科普教育基地建设

建立不同尺度、不同类型的土壤侵蚀综合防治试验示范工程，通过试验区示范、推广、扩散作用，带动周边地区的土壤侵蚀综合治理与开发，不断提高水土保持的科技贡献率；编辑出版水土保持科普读物，建立水土保持科普教育基地，提高全民水土保持意识。

（六）建设一支高素质的科技队伍

依托重大科研和建设项目，造就一批由初、中、高各层次人才组成的，比例适合、数量适中、专业配套的水土保持科研队伍。加大学科带头人的培养力度，积极推进创新团队建设，培养造就一批具有世界前沿水平的水土保持高级专家。充分发挥教育在创新人才培养中的重要作用。加强水土保持科技创新与人才培养的有机结合，鼓励科研院所与高等院校合作培养研究型人才。支持研究生参与或承担科研项目，鼓励本科生投入科研工作，确保水土保持科技队伍后继有人。

六、水土保持科研重点方向

（一）重大基础理论

1. 土壤侵蚀动力学机制及其过程

应用力学与能量学经典理论与研究方法，研究土壤侵蚀过程及其侵蚀力、抗蚀力的演变、能量传递与作用机制，全面揭示土壤侵蚀的过程与机制。

近期研究的重点是水力侵蚀过程与动力学机理，风力侵蚀过程与动力学机制，重力侵蚀，如滑坡、泥石流与崩岗等发生机理，人为侵蚀与特殊侵蚀过程机制。

2. 土壤侵蚀预测预报及评价模型

用数学方法定量描述各个因子对土壤侵蚀的影响，以及侵蚀过程，最终预报土壤流失量。

近期研究的重点是土壤侵蚀因子定量评价，坡面水蚀预测预报模型，小流域分布式水蚀预测预报模型，风蚀预测预报模型，区域土壤侵蚀预测评价模型，农业非点源污染模型，滑坡、泥石流预警预报模型，多尺度土壤侵蚀预测、预报及评价模型，以及各类预报模型的适用范围及效果评价。

3. 水土流失与水土保持效益、对环境的影响

长时期和大范围的土壤侵蚀，以及长期开展和正在实施的重大生态建设工程，对环境构成多方面的深刻影响，使得水土保持和土地利用活动成为侵蚀地区现代环境发展演化的主要驱动力之一。分析揭示水土流失、水土保持对本地、异地区域环境过程和环境要素的影响，为区域社会经济持续发展和进一步的水土保持决策提供有效支持。

近期研究的重点是水土流失与水土保持对环境要素和环境过程的影响，水土保持效益、环境影响评价指标与模型，土壤侵蚀与全球变化的关系。

4. 水土保持措施防蚀机理及适用性评价

我国水土保持历史悠久，水土流失治理措施丰富多样，系统分析总结

各地区水土保持措施，阐明各种措施的防蚀机理与适用区域，对指导我国生态建设，以及丰富世界水土保持措施知识库具有重要作用。

近期研究的重点是水土保持措施防蚀机理、适用性评价及效益分析。

5. 流域生态经济系统演变过程和水土保持措施配置

流域是相对完整的自然单元，它既是地表径流泥沙汇集输移的基本单元，也是水土保持措施配置的单元。根据流域土壤侵蚀、水土资源的时空分异规律，综合布设各种治理措施。研究小流域尺度的土壤侵蚀过程、土壤侵蚀治理过程及两者共同驱动下的生态经济系统演替过程，是土壤侵蚀与水土保持学科的重要组成部分。

近期研究的重点是小流域土壤侵蚀及其环境演化过程研究、侵蚀—治理双向驱动下小流域生态系统结构与功能研究、小流域水土保持措施配置和流域健康诊断、数字流域及其流域过程模拟。

6. 区域水土流失治理标准与容许土壤流失量

水土流失治理目标已从单一维护土地生产力转向保护侵蚀区生态环境、减少非侵蚀区的损失等多目标并重。区域水土流失治理标准与容许土壤流失量、水土流失危险性程度、土壤可改良程度、社会经济发展水平、环境质量要求等紧密相关。

近期研究重点是影响区域水土流失治理标准的因素及其定量计算方法、区域水土流失治理标准分级系统与计算方法、容许土壤流失量的影响因素及其定量计算方法等。

7. 水土保持社会经济学研究

水土流失和水土保持都是与一定社会经济条件相联系的，随着经济社会的发展，水土保持与人类文明的关系越来越密切。应在研究自然科学方法和手段的同时，加强水土保持与社会经济、法律、道德伦理、文化、管理体制等人文和社会经济学方面的研究。

近期研究重点是水土流失和社会经济发展的关系，社会经济政策对水土保持的影响，水土保持对社会经济发展的贡献，不同区域的人口承载力，人口、土地利用结构对水土流失的影响。

8. 水土保持与全球气候变化的耦合关系及评价模型

人类活动引起全球气候变化加剧，造成灾害性天气频发，影响人类经济与社会发展的结论已被科技界研究证实，并日益引起世界各国政府的高度关注。水土流失与水土保持会改变下垫面，影响全球碳循环，引起气候的变化，同时全球气候的变化也会影响区域水土流失强度与水土保持的效果。

近期研究重点是水土流失、水土保持与全球气候变化的内在联系、评价指标与标准，全球气候变化对区域水土流失、水土保持造成的影响，水土保持与全球气候变化的耦合关系及其评价模型。

（二）关键技术

1. 水土流失区林草植被快速恢复与生态修复关键技术

针对我国目前土壤侵蚀区域植被结构不尽合理、林草措施成活率与保存率低、植被生产力及经济效益不高等问题，应加强区域植被快速建造与持续高效生产方面的研究。

水土流失区林草植被快速恢复与生态修复关键技术包括：①高效、抗逆性速生林草种选育与快速繁殖技术；②林草植被抗旱营造与适度开发利用技术；③林草植被立体配置模式与丰产经营利用技术；④特殊类型区植被的营造及更新改造与综合利用技术。不同类型区生态自我恢复的生物学基础与促进恢复技术，生物能源物种的筛选与水土保持栽培管理技术，经济与生态兼营型林、灌、草种的选育与栽培技术，小流域农林复合经营技术。

2. 降雨地表径流调控与高效利用技术

水土流失是水与土两种资源的流失，“水”既是水土流失的动力，又是流失的对象。在当前水资源十分紧缺的形势下，更应切实保护和高效利用水资源。通过汇集、疏导地表径流等措施使“水”“土”两种资源更有效地结合，提高利用率。需要研究的关键技术包括：①降雨——地表径流资源利用潜力分析与计算方法；②降雨径流安全集蓄共性技术；③降雨径流网络化利用技术；④降雨地表径流高效利用的配套设备。

3. 水土流失区面源污染控制与环境整治技术

水土流失是面源污染的载体，流失的水体和土壤携带的大量氮素、磷素、农药等物质，是下游河湖、水库面源污染物的主要来源。水土保持应与提供清洁水源和环境整治相结合，在改善当地生产条件、提高农民生活水平的同时，控制面源污染，保障城乡饮用水安全。需要研究和开发的关键技术包括：①氮磷流失过程及其综合调控技术；②流失养分的局域多层空间综合防治措施优化配置调控技术；③水源地面源污染防治技术；④农村饮用水源的生态保护与生活排水处理技术；⑤生态清洁型小流域建设技术；⑥流域尺度面源污染防治措施及控制技术体系；⑦土壤侵蚀区农村生态家园规划方法及景观设计技术；⑧土壤侵蚀区农村环境整治与山水林田路立体绿化技术。

4. 开发建设项目与城市水土流失防治技术

新时期，随着我国经济社会的快速发展，工业化、城市化步伐的加快，开发建设项目和城市建设过程中人为造成新的水土流失防治的关键技术研究十分迫切。开发建设项目与城市水土流失防治技术包括：①不同下垫面开发建设项目弃土弃渣土壤流失形式、流失量及危害性评价；②城市土壤侵蚀特点、流失规律、危害与防治对策；③开发建设项目与城市土壤侵蚀综合防治规划与景观设计；④开发建设严重扰动区植被快速营造模式与技术；⑤不同类型区开发建设项目水土保持治理模式与技术标准。

5. 水土流失试验方法与动态监测技术

长期以来作为研究工作基础的土壤侵蚀实地试验观测和动态监测工作还比较薄弱，亟待加强。同时，监测体系刚刚建立，各地开展监测的内容、技术和方法不一，观测资料难以统一分析和对比。亟须加强的关键技术研究包括：①区域水土流失快速调查技术；②坡面和小流域水土流失观测设施设备；③沟蚀过程与流失量测验技术；④风蚀测验技术；⑤滑坡和泥石流预测方法与观测设备；⑥冻融侵蚀监测方法；⑦水土流失测验数据整编与数据库建设；⑧全国水蚀区小流域划分及其数据库建设；⑨水土保持生态项目管理数据库建设。

6. 坡耕地与侵蚀沟水土综合整治技术

坡耕地改造是改变微地貌、有效遏制水土流失的关键技术。研究重点是不同类型区高标准梯田、路网、水系合理布局与建造技术，不同生态类型区坡地改造与耕作机具的研制与开发，梯地快速培肥与优化利用技术。

沟壑整治与沟道治理开发是水土保持的主要措施之一。研究重点包括：①坝系合理安全布局、设计与建造技术；②沟壑综合防治开发利用技术；③淤地培育与提高利用率技术；④泥石流、滑坡、崩岗综合防治技术。

7. 水土保持农业技术措施

缓坡耕地将在我国一定时期内的农业生产中长期存在，大量坡耕地的存在又是我国土壤侵蚀的主要策源地，在农牧交错区、黑土区以及土层极薄的土石山区，由于受地形和投入等因素的限制，大量坡耕地难以通过基本农田建设及时加以改造。因而，亟须加强水土保持保护性耕作、保护性栽培、管理等关键技术研发。水土保持农业技术措施包括：①水土保持土地整治与带状种植模式技术；②缓坡耕地水土保持保护性耕作机具研究；③不同作物水土保持保护性耕作专用技术与模式；④免耕、等高耕作技术。

8. 水土保持数字化技术

水土保持数字化是数字地球思想及其技术在水土保持领域的应用与发展。水土保持数字化可以定义为按地理坐标对水土保持要素状况的数字化描述和处理，它借助地球空间信息技术，对水土流失影响因子、水土流失以及水土保持防治措施、水土保持管理等信息按照数字信号进行收集、贮存、传输、分析和应用。水土保持数字化主要研究的内容包括水土保持数字化的技术标准、水土保持信息基础设施的构建、水土保持数据库设计与开发、业务应用服务和信息共享平台建设技术、应用信息系统开发。

9. 水土保持新材料、新工艺、新技术

水土保持必须吸收相关学科和行业的发展成果，加快新材料、新工艺和新技术的应用研究。需研究的关键技术包括：①核素示踪技术在土壤侵蚀过程与规律研究方面的应用；②土壤侵蚀动态监测“3S”技术的开发和应用；③风沙区表土固结材料与技术；④工程开挖造成的陡峭崖壁喷混植生技术；⑤植生袋技术；⑥坡面植被恢复过程中土壤保湿剂使用技术。

第四章　环境与环境问题

全球化的时代，各国和各地区相互交流频繁并在交流过程中产生诸如环境污染、人口膨胀、资源短缺等新的问题。在解决这些全球问题时，全球治理被视为一种有效的途径，但现实的全球环境治理现状不容乐观，这就需要我们分析当下全球环境治理的困境及解决路径。本章主要研究环境相关知识、环境问题相关知识、全球环境问题。

第一节　环境相关知识

一、环境的内涵

环境总是相对于某一中心事物而言的。环境因中心事物不同而不同，随中心事物的变化而变化。围绕中心事物的外部空间、条件和状况，构成中心事物的环境。我们通常所称的环境是指人类的环境，即以人为中心事物而言的，除人以外的一切其他生命体与非生命体均被视为环境的对象。因此，环境即以人为中心事物而存在于周围的一切事物。这里不考虑其对人类的生存与发展是否有影响。

对于环境科学来说，中心事物仍然是人类，但环境主要是指与人类密切相关的生存环境。它的含义可以概括为：作用在“人”这一中心客体上的、一切外界事物和力量的总和。人与环境之间存在着一种对立统一的辩证关系，是矛盾的两个方面，它们既相互作用、相互依存、相互促进和相互转化，又相互对立和相互制约。

我国颁布的《环境保护法》中明确指出，环境是指影响人类生存与发展的各种天然的和经过人工改造的自然因素的总体，包括大气、水、海洋、土地、矿藏、森林、草原、野生生物、自然遗迹、人文遗迹、自然保护区、风景名胜区、城市和乡村等。环境内涵是指人类的生存和发展环境，并不泛指人类周围的所有自然因素。这里的“自然因素的总体”强调的是“各种天然的和经过人工改造的”，即法律所指的“环境”，既包括自然环境，也包括社会环境。因此人类的生存环境有别于其他生物的生存环境，也不同于所谓的自然环境。

二、环境的分类

环境既包括以空气、水、土地、植物、动物等为内容的物质因素，也包括以观念、制度、行为准则等为内容的非物质因素；既包括自然因素，也包括社会因素；既包括非生命体形式，也包括生命体形式。通常按环境的属性，将环境分为自然环境、人工环境和社会环境。

第一，自然环境是指未经过人的加工改造而天然存在的环境。自然环境按环境要素，又可分为大气环境、水环境、土壤环境、地质环境和生物环境等，主要指地球的五大圈——大气圈、水圈、土圈、岩石圈和生物圈。

第二，人工环境是指在自然环境的基础上经过人的加工改造所形成的环境，或人为创造的环境。人工环境与自然环境的区别主要在于人工环境对自然物质的形态做了较大的改变，使其失去了原有的面貌。

第三，社会环境是指由人与人之间的各种社会关系所形成的环境，包括政治制度、经济体制、文化传统、社会治安、邻里关系等。

三、环境的组成

(一) 聚落环境

聚落是指人类聚居的中心，活动的场所。聚落环境是人类有目的、有计划地利用和改造自然环境而创造出来的生存环境，是与人类的生产和生活关系最密切、最直接的工作和生活环境。聚落环境中的人工环境因素占主导地位，也是社会环境的一种类型。人类的聚落环境，从自然界中的穴居和散居，直到形成密集栖息的乡村和城市。

聚居环境的变迁和发展，为人类提供了安全清洁和舒适方便的生存环境。但是，聚落环境及周围的生态环境由于人口的过度集中、人类缺乏节制的频繁活动以及对自然界资源的超负荷索取而受到巨大的压力，造成局部、区域乃至全球性的环境污染。因此，聚落环境历来都引起人们的重视和关注，也是环境科学的重要和优先研究领域。

聚落环境根据其性质、功能和规模可分为以下几个方面：

1. 院落环境

院落环境是由一些功能不同的建筑物和与其联系在一起的场院组成的基本环境单元。它的结构、布局、规模和现代化程度很不相同，因而，它的功能单元分化的完善程度也很悬殊。它可以是一间孤立的房屋，也可以是一座大庄园；由于地区发展不平衡，它可以是简陋的茅舍，也可以是防震、防噪声和有自动化空调设备的现代化住宅；它不仅有明显的时代特征，也具有显著的地方色彩。

院落环境在保障人类工作、生活和健康及促进人类发展过程中起到了积极的作用，但也相应地产生了消极的环境问题。例如，南方房子阴凉通风，以致冬季在室内比在室外阳光下还要冷；北方房屋注意保暖而忽视通风，以致空气污染严重。所以，在今后聚落环境的规划设计中，要加强环境科学的观念，以便在充分考虑利用和改造自然的基础上，创造出内部结构合理并与外部环境协调的院落环境。

所谓内部结构合理，不仅是指各类房间布局适当、组合成套，而且要求有一定灵活性和适应性，能够随着居民需要的变化而改变一些房间的形状、大小、数目、布局和组合，机动灵活地利用空间，方便生活；所谓与外部环境协调，也不仅是只从美学观点出发，在建筑物的结构、布局、形态和色调上与外部环境相协调，更重要的是还须从生态学观点出发，充分利用自然生态系统中能量流和物质流的迁移转化规律来改善工作和生活环境。

2. 村落环境

村落主要是农业人口聚居的地方。由于自然条件的不同，以及农、林、牧、副、渔等农业活动的种类、规模和现代化程度的不同，无论是从结构、形态、规模，还是从功能上来看，村落的类型都是多种多样的，如平原上的农村、海滨湖畔的渔村、深山老林的山村等，因而，它所遇到的环境问题也是各不相同的。

村落环境的污染主要来自农业污染及生活污染，特别是农药、化肥的使用，使污染日益增加，影响农副产品的质量，威胁人们的身体健康，甚至危及人们的生命。因此，必须加强对农药、化肥的管理，严格控制施用剂量、时机和方法，并尽量利用综合性生物防治来代替农药防治，用速效、易降解的农药代替难降解的农药，尽量多施用有机肥，少用化肥，提高施肥技术和改善施肥效果。

提倡建设生态新农村，走可持续发展道路。应因地制宜，充分利用农村的自然条件，综合利用自然能源，如太阳能、风能、水能、地热能、生物能等分散性自然能源都是资源非常丰富并可更新的清洁能源；还可以人工建立绿色能源基地，种植速生高产的草木，以收获更多的有机质和"太阳能"，从而改变自然能源的利用方式，提高其利用率。另外，把养殖业的畜禽粪便及其他有机质废物制成沼气，既可以作为煮饭燃料、照明能源等，又减少了污染，美化了环境，是打造低碳新农村的可行之路。

3. 城市环境

城市环境是人类利用和改造环境而创造出来的高度人工化的生存环境。城市有现代化的工业、建筑、交通、运输、通信、文化娱乐及其他服务行业，为居民的物质和文化生活创造了优越条件，但是由于城市人口密集、工厂林立、交通阻塞等，使环境遭受严重的污染和破坏。

城市是以人为主体的人工生态环境。其特点包括：①人口密集；②占据大量土地，地面被建筑物、道路等覆盖，绿地很少；③物种种群发生了很大变化，野生动物极少，而多为人工养殖动物；④城市环境系统是不完全的生态系统，在城市中主要是消费者，而生产者和分解者所占比例相对较小，与其在自然生态系统中的比例正好相反，呈现出以消费者为主体的倒三角形营养结构。

城市生产者（植物）的产量远远不能满足人们对粮食的需要，必须从城市之外输入。城市因消费者而产生的大量废弃物往往自身又难以分解，必须送往异地。因此，为满足城市系统的正常运行而形成的在城市系统中的巨大能源流、物质流和信息流对环境产生的影响都是不可低估的。

城市化对环境的影响有以下几个方面：

(1) 城市化对大气环境的影响。

第一，城市化改变了下垫面的组成和性质。城市用砖瓦、混凝土以及玻璃和金属等人工表面代替了土壤、草地和森林等自然地面，改变了反射和辐射面的性质及近地面层的热交换和地面粗糙度，从而影响大气的物理性状。

第二，城市化改变了大气的热量状况。城市化消耗大量能源，并释放出大量热能。大气环境所接受的这种人工热能，接近甚至超过它所接受的太阳能和天空辐射能，使城市市区气温明显高于郊区和农村。

第三，城市化大量排放各种气体和颗粒污染物。这些污染物会改变城市大气环境的组成。城市燃煤及汽车排放出大量的烟尘、SO_2、CO、NO_2、光化学烟雾污染大气环境，使大气 SO_2 环境质量恶化。

因而，相对来说，城市气温高，云量、雾量、降雨量多，大气中烟尘、碳氧化物、氮氧化物、硫氧化物以及多环芳烃等含量较高。伦敦型烟雾和洛杉矶型烟雾等重大污染事件大都发生在城市中，但相对湿度、能见度、风速、地平面所接受的总辐射和紫外辐射等则较低，而局部湍流较多。由于城市气温高于四周，往往形成城市热岛。城市市区被污染的暖气流上升，并从高层向四周扩散；郊区较新鲜的冷空气则从底层吹向市区，构成局部环流。这样，加强了市区与郊区的气体交换，但也在一定程度上使污染物存留于局部环流之中，而不易向更大范围扩散，常常在城市上空形成一个污染物幕罩。

(2) 城市化对水环境的影响。

第一，对水量的影响。城市化增加了房屋和道路等不透水面积和排水工程，特别是暴雨排水工程，从而减少渗透，增加流速，地下水得不到地表水足够的补给，破坏了自然界的水分循环，致使地表总径流量和峰值流量增加，滞后时间 (径流量落后于降雨量的时间) 缩短。城市化增加耗水量，往往导致水源枯竭、供水紧张。地下水过度开采，常导致地下水面下降和地面下沉。

第二，对水质的影响。主要是指生活、工业、交通、运输以及其他行业对水环境的污染。

(3) 对生物环境的影响。城市化严重地破坏了生物环境，改变了生物环境的组成和结构，使生产者有机体与消费者有机体的比例不协调，特别是近代工商业大城市的发展，往往不是受计划的调节，而是受经济规律的控制，许多城市房屋密集、街道交错，到处是混凝土建筑和柏油路面，森林和草地几乎完全消失，除了熙熙攘攘的人群，几乎看不到其他的生命，这被称为“城市荒漠”。与此同时，野生动物群在城市中消失，鸟儿也少见踪影，这种变化在20世纪60年代已经引起了人们的注意，它使生态系统遭到破坏，影响到碳、氧等物质循环。为了改善城市环境，许多国家都制定了切实可行的措施，加强城市绿化。我国各大城市也都正在为创造优美、清洁的城市环境而大力开展绿化工作。

(4) 对环境的其他影响。城市化过程还造成振动、噪声、微波污染，以及交通紊乱、住房拥挤、供应紧张等一系列困扰人民工作和生活的环境问题。城市规模越大，环境问题就越严重。近年来，在发达国家出现了人口自城市中心向郊区流动的趋势。城区居民纷纷迁往郊外，形成白天进城工作而晚间或假日回郊区休息的生活方式。这样就使交通更加拥挤，能源消耗更大，大气污染更加严重。

城市化的趋势是必然的，但城市过大的弊端又很明显。为了防止城市化造成的不良影响，应采取相应措施：①控制人口；②禁止在大城市兴建某些工业；③征收高额环境保护税、土地税；④疏散企业和机构，建立卫星城、带状城，或有计划地建立中、小城市。

(二) 地理环境

地理环境是指一定社会所处的地理位置以及与此相联系的各种自然条件的总和，包括气候、土地、河流、湖泊、山脉、矿藏以及动植物资源等。地理环境是能量的交错带，位于地球表层，即岩石圈、水圈、土壤圈、大气圈和生物圈相互作用的交错带上。它下起岩石圈的表层，上至大气圈下部的对流层顶，包括了全部的土壤圈，其范围大致与水圈和生物圈相当。

地理环境是由与人类生存和发展密切相关，直接影响到人类衣、食、住、行的非生物和生物等因子构成的复杂的对立统一体，是具有一定结构的多级自然系统，水、土、大气、生物圈都是它的子系统。每个子系统在整个系统中有着各自特定的地位和作用，非生物环境都是生物（植物、动物和微生物）赖以生存的主要环境要素，它们与生物种群共同组成生物的生存环境。这里是来自地球内部的内能和太阳辐射的外能的交融地带，有着适合人类生存的物理条件、化学条件和生物条件，因而构成了人类活动的基础。

（三）地质环境

地质环境主要指地表以下的坚硬地壳层，也就是岩石圈部分。地理环境是在地质环境的基础上，在宇宙因素的影响下发生和发展起来的，地理环境和地质环境以及星际环境之间经常不断地进行着物质和能量的交换。岩石在太阳能作用下的风化过程，使被固结的物质解放出来，参加到地理环境、地质循环乃至星际物质大循环中。

（四）宇宙环境

宇宙环境，又称星际环境，是指地球大气圈以外的宇宙空间环境，由广袤的空间、各种天体、弥漫物质以及各类飞行器组成。

目前，人类能观察到的空间范围已达一百多亿光年的距离。自古以来，人类采用各种方法观测宇宙、探寻宇宙的奥秘，直到1957年人造地球卫星上天，人类才开始离开地球进入宇宙空间进行探测活动。随着航天事业的发展，载人飞船发射成功，我国也于2003年发射“神舟”五号飞船，成功地实现了千年飞天梦，人类又揭开了宇宙探索的新篇章。在不久的将来人类还会奔向更遥远的太空。

各星球的大气状况、温度、压力差别极大，与地球环境相差甚远。在太阳系中，人类居住的地球距太阳不近也不远，正处于“可居住区”之内，转动得不快也不慢，轨道离心率不大，致使地理环境中的一切变化极有规律，又不过度剧烈，这些都为生物的繁茂昌盛创造了美好的条件。目前，地球是人类所知道的唯一一个适合人类居住的星球。人们研究宇宙环境是为了探求宇宙中各种自然现象及其发生的过程和规律对地球的影响。

例如，太阳的辐射能量变化和对地球的引力作用会影响地球的地理环境，与地球的降水量、潮汐现象、风暴和海啸等自然灾害有明显的相关性。人类对太阳系的研究有助于对地球的成因及变化规律的了解；有助于人类更好地掌握自然规律和防止自然灾害，创造更理想的生存空间；同时也为星际航行、空间利用和资源开发提供可循依据。

第二节　环境问题相关知识

环境问题是指由于人类活动作用于人们周围的环境所引起的环境质量变化，以及这种变化反过来对人类的生产、生活和健康的影响问题。人类在改造自然环境和创建社会环境的过程中，自然环境仍以其固有的自然规律变化着。社会环境一方面受自然环境的制约，同时也以其固有的规律运动着。人类与环境不断地相互影响和作用，产生环境问题。

一、环境问题及其分类

（一）原生环境问题

环境问题多种多样，由自然演变和自然灾害引起的环境问题为原生环境问题，也称第一环境问题，如地震、火山爆发、滑坡、泥石流、台风、洪涝、干旱等。

（二）次生环境问题

由人类活动引起的环境问题为次生环境问题，也称第二环境问题。次生环境问题一般又分为环境污染和环境破坏两大类。在人类生产、生活活动中产生的各种污染物（或污染因素）进入环境，当超过了环境容量的容许极限时，使环境受到污染；人类在开发利用自然资源时，超越了环境自身的承载能力，使生态环境遭到破坏，或出现自然资源枯竭的现象，这些都属于人为造成的环境问题。我们通常所说的环境问题，多指人为因素造成的。

二、当代环境问题

（一）温室效应

温室效应是指大气中的温室气体通过对长波辐射的吸收而阻止地表热能耗散，从而导致地表温度增高的现象。近百年来，全球平均气温经历了冷—暖—冷—暖几次波动，总体为上升趋势，进入20世纪80年代后，全球气温明显上升。导致全球变暖的主要原因是人类活动和自然界排放的大量温室气体，如二氧化碳（CO_2）、甲烷、氟氯烃、一氧化二氮、低空臭氧等，由于这些温室气体对来自太阳辐射的短波具有高度的透过性，而对地球反射出来的长波辐射具有高度的吸收性，造成温室效应，导致全球气候变暖。其中，最重要的温室气体 CO_2 来源于人类大量使用煤炭、石油和天然气等燃料。由于世界人口的增加和经济的迅速增长，排入大气中的 CO_2 也越来越多。

全球变暖会使极地或高山上的冰川融化，导致海平面上升。据推算，全球增温 1.5℃ ~ 4.5℃，海平面会上升 20 ~ 165cm，从而将淹没沿海大量繁华的城市、低地和海岛。此外，温室效应可引起全球性气候变化，会对陆地自然生态系统产生难以预料的影响，如高温、干旱、洪涝、疾病、暴风雨和热带风加剧等，使热带雨林和生物多样性减少，农作物减产，从而威胁人类的食物供应和居住环境。

（二）臭氧层耗竭

在地球大气层近地面 20 ~ 30km 的平流层里存在着一个臭氧层，其中臭氧含量占这一高度气体总量的十万分之一。臭氧含量虽然极微，却具有强烈吸收紫外线的功能，因此，它能挡住太阳紫外辐射对地球生物的伤害，保护地球上的生命。然而，人类生产和生活所排放出的一些污染物，如制冷剂氟氯烃类化合物、氮氧化物，受到紫外线的照射后可被激化形成活性很强的原子，与臭氧层的臭氧作用，使其变成氧分子，这种作用连锁般地发生，臭氧迅速耗减，使臭氧层遭到破坏。臭氧层的破坏将导致皮肤癌和角膜炎患者增加，并大大破坏了地球上的生态系统。

（三）土地荒漠化

荒漠化是由于气候变化和人类不合理的经济活动等因素，使干旱、半干旱和具有干旱灾害的半湿润地区的土地发生了退化。“产生荒漠化的原因主要有两个方面，即人为原因与自然原因。”[①] 当前，世界荒漠化现象仍在加

① 韦凤娟．土地利用规划环境影响评价对于防治荒漠化的作用 [J]. 农业技术与装备，2019（09）：44.

剧，荒漠化已经不再是一个单纯的生态环境问题，而演变为经济问题和社会问题，它给人类带来贫困和社会不稳定，荒漠化意味着人类将失去最基本的生存基础——有生产能力的土地。

(四) 垃圾围城

全球每年产生垃圾近一百亿吨，而处理垃圾的能力却远远赶不上垃圾增加的速度。垃圾除了占用大量土地外，还污染环境。危险垃圾，特别是对有毒有害垃圾的处理问题(包括运送、存放)，因其造成的危害更为严重、产生的危害更为深远，而成为当今世界各国面临的一个十分棘手的环境问题。

第三节　全球环境问题

一、大气环境问题

(一) 全球变暖

气候是与人们每天的生活息息相关的一个重要自然因素。气候实际上是指包括温度、湿度和降水等在内的综合信息。因此，地球气候系统是一个涉及阳光、大气、陆地和海洋等十分丰富的系统。

人类活动对全球的气候变化具有深刻而重要的影响。尤其是工业革命以后，由于人类大量使用矿石燃料(煤炭、石油和天然气)，加上其他的人为活动过程，导致温室效应的加剧，从而被认为可能会引起全球的温度增高，并将由此引发一系列的环境问题。

1. 温室效应的形成

从长期平均观点来看，地球大气系统与外层空间是保持着热量平衡的。炽热的太阳以短波辐射的形式向地球辐射能量，其最大能量集中在波长600nm处。而地面向外的辐射大约相当于285K黑体辐射，最大能量位于波长16000nm附近，相对于太阳辐射来说可称之为长波辐射。对于长波辐射，地球大气系统具有与温室中的玻璃相似的保温作用，通常我们称为温室效应。

实际上地球大气系统并没有阻断温室内外空气对流热交换的作用。地球大气系统接收辐射和放出辐射的量值大小取决于系统内各组分的物理状态及化学性质。当某些组分的状态发生变化时（如 CO_2 浓度增高），系统与外层空间的热量平衡就可能受到干扰并导致气候变化。如果地球上不存在大气，温室效应消失，地球处于辐射平衡后的等效黑体温度可达 255K。按现有反射率计算，全球表面温度将只有 -18℃，然而实际上现在的平均温度为 15℃。显然这增高的 33℃是地球大气系统温室效应的结果。

但是，温室效应若不断加强，也将给人类带来灾难，近年来，人类活动排放出的温室气体，如 CO_2、CFCs、CH_4、O_3、N_2O 等有增无减，使地球大气系统与外层空间的辐射能量平衡被打乱，并导致地表和低层大气温度的升高，以及高层大气温度的降低。

2. 植物、海洋对温室气体和气候的调节作用

陆地上的森林植被对减缓、调节全球气候变暖具有极重要的作用。森林具有比其他任何植被类型更强的光合能力，对 CO_2 来说是极好的净化器和大的储存库。现在，全球每年约有 5×10^9t 碳被排入大气（几乎人均 1t），与 1860 年的水平相比，通过燃烧过程释放 CO_2 的速率已提高了 53 倍。为了发展农牧业，每年还会有烧荒、开垦热带雨林排出额外的 1.6×10^9t 碳进入大气。

此外，由工业、交通、生活活动、军事冲突等人为因素排出的各种各样的温室气体和大气污染物在大气圈层中的一系列复杂的化学、物理转化及迁移过程，对全球大气环境及气候变化构成了威胁。对此，森林植被能发挥巨大的净化、调节作用。

除了生物过程之外，海洋对于气候具有更大的调节作用，海洋中储存的 CO_2，总量约相当于大气中 CO_2 总量的 50 倍，以及生物圈中 CO_2 总量的 20 倍。更重要的是海洋对于 CO_2 和热量有不间断的吸收作用。

CO_2 可与海水反应形成 H_2CO_3 分子以及离子态的碳酸氢根（HCO_3^-）和碳酸根（CO_3^{2-}）。同时，海洋表层的浮游植物可通过光合作用吸收大气中的 CO_2，然后通过“生物泵”、沉积过程和海水的运动将吸收的 CO_2 输送，储存于深海或转化为其他含碳物质。排向大气的 CO_2 总量中约有 30% 被海洋吸收，13% 被生物过程及其他过程吸收，存留在大气中的部分仅为 56.5%。

3. 全球变暖的影响

（1）全球变暖对动植物影响。动植物对历史上缓慢的气候变化，或者是适应，或者被淘汰。现存的都是适应者，但它们只适应过去曾出现过的经历了许多世纪的缓慢变化。比如，第四纪大冰期后期以来，地表上冰层北撤，数千年内温度上升了5℃，美国东南部的橡树林渐渐向北迁移，由于人为CO_2排放增加而导致气候变暖的规模与上述数值相近，然而却是在一个世纪内发生的。在此期间，气候带变暖向高纬度迁移数百公里以至上千公里。但自然界的动植物，尤其是植物群落，都可能因无法以相应的速度做适应转移而遭厄运。

（2）全球变暖对农业的影响。二氧化碳是形成90%的植物干物质的主要原料。光合作用的强度与CO_2浓度的关系大体符合对数曲线分布，但不同作物又各有差别。以小麦为例，当CO_2浓度由0增高到300×10^{-6}时，光合作用强度几乎呈直线上升。但浓度进一步增加时，光合作用强度的增加趋势减缓。当浓度达700×10^{-6}时，强度几乎不再随之增加。然而，当CO_2浓度大约是350×10^{-6}时，若增加1倍，必然对植物的光合作用有很大的促进作用。

CO_2浓度增长对农业的间接影响体现为气温升高，潜在蒸发增加并减弱经向环流，进而使干旱季节延长，四季温差减小。除此之外，高温、热浪、热带风暴、龙卷风等自然灾害将加重。如果气温升高而降水不增加，相对湿度将减小，气候变得干燥，对作物不宜，尤其是那些对降水依赖性大的半干旱地区。因此，全球气候变暖后，世界粮食生产的稳定性和分布状况将会有很大变化。

（3）全球变暖对人体健康的影响。平均气温、降水、地下水、年温差等气候要素与人群健康有着密切的关系。血吸虫、钩虫的活动范围一般在10～37℃的热带和亚热带；痢疾几乎在世界各地都能发生，尤其是在毛里塔尼亚、乍得等非洲大陆和温带地区；雅司病常见于巴拿马、巴西、哥伦比亚、菲律宾等热带地区，但患者一旦移转到凉爽的环境中，便可逐渐自愈；霍乱、疟疾、脑膜炎等许多疾病都与气候密切相关。

（4）全球变暖对生态环境、社会及经济的影响。经济对于气候冲击的反应极其复杂。不同的经济领域、人口规模和地理区域对同一气候事件的响应也不尽相同。

第一，在粮食紧张的地方，气候导致减产的社会后果很严重。

第二，人口稠密的地方及沿海地区，植物覆盖面积将减小，土壤有机质含量降低，释放 CO_2 增多，局部地区环境恶化，低洼地受淹。

第三，在研究死亡率与气候关系的基础上，可以直接估计气候变化造成的人口变化。

第四，可能导致国与国之间因资源、能源财富再分配不协调而引发新的国际冲突。

4. 对全球变暖的适应

全球气候变暖的发展取决于温室气体排放限制等防治对策，但当全球变暖及由此引起的影响已成为事实时，人类社会和生态系统应对此予以适应，生物将无法避免这种影响，但人类应该采用对策顺应这种变化或使其影响减至最小。适应对策主要有以下几个方面：

（1）生态系统的变化及其适应对策。生物总要选择生活在最适合自己的气温带，而气温的升高将会使适宜的温度带向北方移动。动物物种有可能随之移动，但树木难移。气温变化对粮食生产、整个生态系统都具有重要意义，对于自然生态系统的许多问题，如生物多样性、各种气候条件下自然资源的管理等，应力保信息的积累和收集整理，强调研究和开发的必要性，通过品种改良，利用生物物种的转换，使之更加适应新的气候条件或促其向新的、适合的地区移动。

（2）海平面上升及其适应对策。海平面上升的预测虽有很大的不确定性，但预计到 21 世纪后半叶，海平面将可能上升 25 ~ 90cm。其结果是造成大河流河口三角洲淹没、海岸侵蚀，增加高潮位和洪水的危险，由于咸水水位上升将发生水质恶化和生物环境恶化等问题。

第一，保护好筑有防波堤的土地。荷兰国土可以说是人工兴建的，在海平面以下开拓的土地占其国土的很大部分，它由大规模的防波堤和水闸、水泵系统来保护；在日本的东南、大阪的零米地带，也是由其周围兴建的防波堤来保护，防波堤的外侧还必须带有护岸，还有必要加高这些已经建成的防波堤。为防止海水侵入河水，可考虑修建河口堰等。

第二，顺应海平面的上升。对建筑物可以加高基础，使其成为高地基的建筑物。美国的旧金山湾沿岸正在实施新的标准，即新建的建筑物地基要求提高 30 ~ 50cm。在海岸附近的低洼地区，如果不能避免海水的侵入，则应该引入海水并加以利用，如考虑水田改为鱼类养殖场，以及用海水晒取海盐等。

（3）人类的适应对策。人类具有适应气候变化的能力，其生息区域分布在热带乃至极地。因而，气候变化对人类生命没有直接的威胁，仅有微小的或间接的影响。预计气候变暖将会扩大疟疾和血吸虫病的分布区域，应准备防治疾病的医药品，在衣、食、住、行方面提前适应，以增大能源供应、开发新的能源（太阳能）、增加空调设备来满足要求，对建筑物提高隔热效率等。

（二）臭氧层破坏

1. 损耗高空臭氧的主要物质

损耗高空臭氧的主要物质是含氯和溴的化合物，当前 CH_4、C_2H_6 中氢原子被卤素原子所取代的衍生物已被广泛应用，如完全卤化了的 $CFCl_3$ 以及部分卤化的 CHF_2Cl，其中的氢原子被卤素取代后便使该气体具有惰性。因而它在大气中的寿命很长，有充分的时间散逸到平流层去。

2. 臭氧破坏潜能

O_3 破坏潜能（ODP）是指平流层中某种气体化合物耗损 O_3 的效率。实用中将 CFC-11 的 ODP 定为 1.0，而将其他物质的 ODP 规定为其与 CFC-11 的 ODP 比值。在大气中的有害气体寿命越长，其 ODP 值越高。物质在平流层中进行光分解时，释放卤族原子数量越多，则其 ODP 值越高。目前已知卤族元素中，溴的破坏作用要远大于氯，而氟不会导致 O_3 的破坏。

CFC-12 在大气中寿命长达 139 年，可全部被转移到平流层中并分解出活性氯原子，从而对 O_3 的耗损起催化作用，故其 ODP 值较高。

通过对各种化合物 ODP 值的了解和排放量的估计，便可估算出各种受控物质对 O_3 破坏的相对影响值，含氢、氯、氟、烃类化合物（HCFCs）的 ODP 值虽然较小，但对臭氧层也有一定的作用，因而只能将其作为替代物控制使用。

3. 臭氧破坏的后果

适量的紫外线辐射是维持人体健康所必不可少的条件，它能增强交感肾上腺机能，提高免疫能力，促进磷钙代谢，增强对环境污染物的抵抗力。但过量的紫外线辐射会给地球上的生命系统带来难以估量的损害。会增强大气温室效应，严重破坏人类生态环境，从而造成一系列灾难性的后果。

（1）对人体健康的影响。臭氧层的破坏，会使其吸收紫外线辐射的能力大大减弱，导致到达地球表面的 UV-B 区强度明显增加，阳光紫外线 UV-B 的增加对人类健康有严重的危害作用。潜在的危险包括引发和加剧眼部疾病、皮肤癌和传染性疾病。对有些危险，如皮肤癌已有定量的评价，但其他影响，如传染病等，目前仍存在很大的不确定性。

（2）对人类生存环境的影响。高空臭氧层不但吸收了部分来自太阳的短波紫外线辐射，保护着地球上的芸芸众生，还由于它对紫外线辐射的吸收是平流层的重要热源，从而决定了平流层的温度场结构，并对全球气候的形成及变化具有重要的制约作用。高空 O_3 含量减少将导致平流层的冷却，因而使地面所获得的来自平流层的长波辐射通量也随之减少。但问题的复杂性在于存在着相反的效应：一方面，O_3 含量减少可能使 O_3 的极大值高度降低；另一方面，下垫面所接受的太阳可见光辐射量增加。这二者的综合作用将使平流层冷却对地表的影响得以补偿。

平流层 O_3 耗竭对大尺度气候变化的重要意义还在于 UV-B 辐射增加将改变大气的温室效应，遏制森林、草原及农作物正常生长，破坏植被，以致扰乱原有地—气系统的交互作用关系，使气候趋于恶化。

对流层光化学反应将因紫外线辐射增强而增强，其结果可使大气底层的臭氧浓度增加。平流层 O_3 每减少 1%，地面臭氧烟雾浓度就会增加 2%。这种富含 O_3 的光化学烟雾将使大气质量降低，对人类的生存环境产生一系列严重影响。O_3 还能加速 H_2O_2 的形成，使酸雨危害加重，且使许多聚合物材料迅速老化，造成巨大的经济损失。

（3）对陆生植物的影响。对于臭氧层损耗对植物危害的机制，目前人们尚不如其对人体健康的影响了解深入，但在已经研究过的植物品种中，超过 50% 的植物有来自 UV-B 的负影响，如豆类、瓜类等作物，另外，某些作物如土豆、番茄、甜菜等的质量将会下降。

植物的生理和进化过程都受到UV-B辐射的影响，甚至与当前阳光中UV-B辐射的量有关。植物也具有一些缓解和修补这些影响的机制，在一定程度上可适应UV-B辐射的变化。当植物长期接受UV-B的辐射时，可能会造成植物形态的改变、植物各部位生物质的分配、各发育阶段的时间及二级新陈代谢等。对森林和草地，可能会改变物种的组成，进而影响不同生态系统的生物多样性分布。目前，这方面的研究工作尚处于起步阶段。

(4)对水生生态系统的影响。世界上满足人类各种需求的30%以上的动物蛋白质来自海洋。在许多国家，尤其是发展中国家，百分比会更高。

海洋浮游植物并非均匀分布在世界各大洋中，通常高纬度地区的密度较大，热带和亚热带地区的密度要低10到100倍。除可获取的营养物、温度、盐度和光外，在热带和亚热带地区普遍存在的阳光UV-B含量过高的现象也在浮游植物的分布中起着重要作用。

对生物化学循环的影响。阳光紫外线的增加会影响陆地和水体的生物地球化学循环，从而改变地球—大气系统中一些重要物质在地球各圈层中的循环。

对陆生生态系统，紫外线增加会改变植物的生成和分解，进而改变大气中重要气体的吸收和释放。例如，在强烈UV-B照射下，地表落叶层的降解过程被加速；而当主要作用是对生物组织的化学反应而导致埋在下面的落叶层光降解过程减慢时，降解过程被阻滞。植物的初级生产力随着UV-B辐射的增加而减少，但对不同物种和某些作物的不同栽培品种来说，影响程度是不一样的。

(三)酸雨

“酸雨，被视为‘无声的灾祸’，是当今人类最关注的环境问题之一。”①酸雨是表示pH低于与大气中二氧化碳相平衡的蒸馏水pH(5.6)的降水。但是在大气中即使没有人为污染，它所含有的许多微量化学物质也会各自以相应的溶解度溶入降水中。

所谓的酸雨也并非指雨，不单指大气污染酸化“雨”的全体，还指大气

① 李星.酸雨污染现状、特征及对策建议——以嘉兴市“十一五”期间为例[J].中小企业管理与科技(上旬刊)，2014(02)：192.

污染物质，人们对所谓大气酸化的认识正在逐步加深。因此，现在所提出的“酸雨”环境问题，有必要考虑重新对其定义。

1. 酸雨的危害

酸化影响着土壤以及湖泊和地下水。在过去20～50年间，大面积森林土壤的酸度增加到原来的5～10倍。土壤中的酸度能增加铝的含量，使植物的须根死亡，可能还会引起镁的缺乏。酸度的影响取决于系统的缓冲能力，如果沼泽地的土壤含有石灰石或其他能中和酸的物质，湖泊酸化速度便会减缓。除了酸度之外，沉积物释放出的溶解铝也能毒害鱼类和其他水生生物。水生生态系统对酸沉降的抗力是极脆弱的。

2. 酸雨的污染源

（1）天然源。贮存于地壳中的硫的平均含量约为0.1%。通常说来，SO_x的天然源包括来自海洋的硫酸盐雾、经细菌分解后的有机化合物、缺少O_2的水和土壤所释放的硫酸盐、火山爆发以及森林失火等。

（2）人为排放源。全球范围释放到大气中的SO_2大部分是人为排放的，对特定的高密度工业区域而言，人为排放比率可能高达全部硫排放的100%。化石燃料燃烧是大气中硫含量高的原因，它约占人为硫排放量的85%，矿石冶炼和石油精炼分别占11%和4%。

二、生物多样性锐减问题

（一）生物多样性和生物资源

1. 生物多样性

生物多样性是指地球上所有生物——动物、植物和微生物及其所构成的综合体。生物多样性通常包括以下几个层次：

（1）生态系统多样性。生态系统多样性是指生物群落和生境类型的多样性。地球上有海洋、陆地，有山川、河流，有森林、草原，有城市、乡村和农田，在这些不同的环境中，生活着多种多样的生物。实际上，在每一种生存环境中的环境和生物所构成的综合体就是一个生态系统。

（2）物种多样性。物种多样性是指动物、植物、微生物物种的丰富性。物种是组成生物界的基本单位，是自然系统中处于相对稳定的基本组成成分。一个物种由许许多多种群组成，不同的种群显示了不同的遗传类型和丰富的遗传变异。

物种多样性所构成的经济物种是农、林、牧、渔各业经营的主要对象。它为人类生活提供必要的粮食、医药，随着高新技术的发展，许多生物的医用价值将不断被开发和利用。

(3) 遗传多样性。遗传多样性是指存在于生物个体内、单个物种内以及物种之间的基因多样性。物种的遗传组成决定着它的性状特征，其性状特征的多样性是遗传多样性的外在表现。遗传多样性是农、林、牧、渔各行业中的种植业和养殖业选育优良品种的物质基础。

2. 生物多样性资源经济价值及其评估

生物多样性具有巨大的社会经济价值。其经济价值的评估能够为公众提供一个共同的生物多样性的经济价值观及评价尺度。生物多样性的评估是当今世界生态经济学的热点和难点之一，是资源经济学、环境经济学、生态经济学的交叉前沿，涉及基因、物种及生态系统的经济评估，是对传统经济学的巨大挑战。生物多样性的经济价值主要包括以下内容:

(1) 直接使用价值。包括林业、农业(农作物和野生植物)、畜牧业、渔业、医药业和部分工业等产品和加工品的直接使用价值，以及生物资源的旅游观赏价值、科学文化价值、畜力使用价值等。

(2) 间接使用价值。主要体现在生态系统的结构和功能、演化、物质和遗传资源、生态服务功能等方面，可以采用一系列经济评估的方法进行概括分析，但由于生物多样性的自然属性与市场、商品的社会属性距离甚远，存在一系列不确定性。

(3) 潜在使用价值。包括野生动、植物在将来有用的选择价值和伦理学上的存在价值。

(二) 生物多样性锐减

1. 生态系统多样性的锐减

生态系统多样性的锐减主要是指各类生态系统的数量减少、面积缩小和健康状况的下降。这些生态系统包括森林生态系统、荒漠生态系统、高原高寒区生态系统、湿地生态系统、内陆水域生态系统、海岸生态系统、海洋生态系统、农区生态系统和城市生态系统等。各种生态系统均受到不同程度的威胁。

生物生态系统多样性的主要威胁是野生动植物栖息地的改变和丢失，这一过程与人类社会的发展密切相关。在整个人类的历史进程中，栖息地的改变经历了不同的速率和空间尺度。目前，热带森林、温带森林和大平原以及沿海湿地在大规模地转变成农业用地、私人住宅、大型商场和城市。

2. 物种多样性锐减

物种的灭绝有自然灭绝和人为灭绝两种过程。物种的自然灭绝是一个按地质年代计算的缓慢过程；而物种的人为灭绝是伴随着人类的大规模开发产生的，自古有之，只不过当今人类活动的干扰大大加快了物种灭绝的速度和规模。有记录的人为灭绝的物种多集中于个体较大的有经济价值的物种，本来这些物种是潜在的可更新资源，但由于人类过度地猎杀、捕获，导致许多物种的灭绝和资源丧失。世界各国已经注意到，生物多样性的大量丢失和有限生物资源的破坏已经和正在直接或间接地抑制经济的发展和社会的进步。

（1）物种灭绝的自然过程。化石记录充满着已灭绝生物的证据。地质记载可以很好地证实恐龙曾经在地球上出现过，但是经过一定时间后消失了。在爬行类动物中，已识别的12个目中，现在尚存的只有3个目，其他的9个目只是化石种类。

生物物种自然灭绝的原因如下：

第一，生物之间的竞争、捕食等长期变化。

第二，随机的灾难性环境事件。地球大约经历了46亿年的发展过程，在过去的地质年代中，曾发生过许多灾难性事件，以物种丢失速率为特征，已经认定，约有九次灾难性的物种大灭绝事件。

（2）物种灭绝的人为过程。物种的人为灭绝自古有之。大约在更新世后期，世界各地同时发生了大型动物灭绝事件。这些大规模的灭绝事件，多数与大规模殖民化相关联。这些土地原先是没有人居住的，野生动物在这里自由地生活。殖民化后，人口数量增加，过度狩猎，超过了野生动物的繁殖速率，许多野生动物经不起人类突然的捕杀和栖息地的变化而灭绝。

三、淡水环境问题

淡水水域的环境问题，最突出的是由水体污染所导致的富营养化问题。一般河流、湖泊和海域的水，所含杂质的浓度远远低于工厂和都市排出的水。这是因为河流、湖泊和海域的水量多，所以除污染严重的工厂废水外，水域中混入一些浓度较高的污水、废水也能得到稀释。现在工厂的排出水中，重金属类的规定值为自来水中重金属类水质标准的10倍。即使工厂排出水也流入河流，一般认为10倍的稀释目标是能达到的。

然而，近些年来污废水的数量显著增加，大大超过了天然水域的自净能力，使不少地方的河流、湖泊和海域的水质急速恶化。

当水中的有机物少时，水域内会含有充足的氧气，整个水域就处在好气状态。此时，水中的好气性微生物促使有机物逐渐氧化分解，从而将有机物中的碳和氢变成二氧化碳和水，并把其中的氮素和磷变成 NH_4^+ 和 PO_4^{-3} 离子释放于水中，成为植物性浮游生物进行光合作用所必需的营养源，并再度进入生物体内，变为动物性浮游生物的饲料。动物性浮游生物又是小鱼的饲料，大鱼又以小鱼为食，鱼类又是人类的食物，这样就构成了在水域内的自然生态系统。在水域中如果不存在有机物、氨化物和磷酸盐，自然生态系统（食物链）就不可能形成。如果营养源物质适量（平衡），不仅解决了各类生物生存的粮食，而且使水域由于自然的净化而保持清洁。

水域污染的原因是多方面的。但一些主要的因素直到现在还在许多地方重复出现着。有机质、氮素和磷在水域中的累积量远远超过了水域内鱼、贝类在营养上所需的必要量，超过了自然的净化能力，成为人类不需要的多余物。有害的浮游生物以及嫌气性微生物的发生，就是有机物、氮素和磷等营养源物质过剩所引起的。所谓富营养化现象，就是营养物质过多的现象。对于水域，不论营养源多少，均能进行一定的自然净化作用。当营养源过多时，在其自净的过程中，常常会引起有害微生物的发生。

第五章　环境污染防治

我国当前面临着水土流失与沙漠化、水资源短缺与水污染、空气质量恶化与大气环境污染以及生物多样性遭到破坏等主要生态环境问题。本章主要分析土壤污染防治，噪声污染防治，放射性污染与光、热污染防治，其他重要污染防治。

第一节　土壤污染防治

一、土壤污染

（一）土壤污染的特征特性

1. 土壤污染与土壤自净能力

土壤污染是指人类活动或自然因素产生的污染物进入土壤，其数量超过土壤的净化能力而在土壤中逐渐积累，达到一定程度后，引起土壤质量恶化、正常功能失调，甚至某些功能丧失的现象。

污染物进入土壤后，经历一系列的物理、化学和生物学过程，逐渐地自动被分解、转化或排出土体，使土壤中污染物数量减少，但减少的速度受土壤物理、化学及生物学性质制约，使土壤表现出净化污染物的能力，这一能力称为土壤的自净能力。

土壤是否被污染、污染程度如何，既取决于一定时间内进入土壤的污染物数量，也取决于土壤对该污染物自净能力的大小，当进入量超过自净能力时，就可能造成土壤污染，污染物进入土壤的速度超出其净化能力越多，污染物积累时间越长，土壤受到的污染也就越严重。

2. 土壤环境背景值与环境容量

（1）土壤环境背景值。土壤环境背景值是指在未受或少受污染时的元素含量，特别是土壤本身有害元素的平均含量。它是诸成土因素综合作用下成土过程的产物，实质上也是各成土因素（包括时间因素）的函数。通常以一个国家或地区土壤中某化学元素的平均含量为背景，与污染区土壤中同一元素的平均含量进行对比。因此，土壤环境背景值只代表土壤环境发展中一个历史阶段，相对意义上的数值，并非固定不变。

（2）土壤环境容量。所谓土壤环境容量，是指某一环境要素所承纳污染物的最大数量。土壤环境容量是以土壤容纳某种污染物后不致使生态环境遭到破坏，特别是其在生产上的农产品不被污染为依据而确定的。故土壤环境容量是指土壤可容纳某种污染物的最大负荷量。土壤环境容量的特点如下：

第一，限制性，即土壤接纳污染物的数量不能超过自身的自净能力，超过就会造成土壤污染且失去自调控能力。

第二，理化性，即土壤环境容量大小主要由土壤理化性质决定。

第三，种类相关性，即土壤环境容量与污染物种类有关。

（3）动态变化性，即一般自然土壤环境容量具有动态变化性，不是一成不变的。

综上所述，土壤环境背景值和土壤环境容量都是评价土壤环境质量和治理土壤污染的重要参数，对评价土壤污染及其防治具有重要指导意义。

3. 土壤污染危害的特性

土壤污染的特点归纳起来主要有以下几个特点：

（1）积累性与隐蔽性。土壤污染与大气、水体污染不同，大气和水体污染过程比较直观，有时通过人的感觉器官就能直接判断，而土壤污染则比较隐蔽，通常只能通过化验分析，依据测定结果才能判断。另外，土壤污染的后果及严重性需要通过农作物，包括粮食、蔬菜、水果等食品的污染，再经过吃食物的人或动物的健康状况反映出来。因此，在自然状态下，由于受人为影响带入土壤的有毒污染物，经过漫长低剂量的积累而污染土壤，不易被人们发现而具有一个时间较长的隐蔽过程，故称隐蔽性。

（2）持久性与难排性。污染物进入土壤环境后，虽有些污染物被土壤净化，但未被净化的部分、净化过程的中间产物及最终产物会在土壤中存留和积累，它们很难排出土体。当污染物及其衍生物积累到一定数量时，会引起土壤成分、结构、性质和功能发生变化直至污染。而土壤一旦受到污染很难恢复，特别是重金属污染几乎不可逆，故是一个持久的、难以排除的过程。

(3) 生物显示性与间接有害性。

第一，进入土壤的污染物危害植物，也通过食物链危害动物和人体健康。

第二，土壤中的污染物随水分渗漏，在土体内移动，可污染地下水，或通过地表径流污染水域。

第三，土壤污染地区遭风蚀后，污染物附在土粒上被扬起，土壤中的污染物也可以气态的形式进入大气。但无论何种污染，最终都以动物、植物（或人）等生物受毒害而表现出来，故称生物显示性与间接有害性。

(二) 土壤污染源与污染物类型

1. 土壤污染源及类型

根据土壤环境主要污染物的来源和污染环境的途径不同，可将土壤污染分为以下几个类型：

(1) 水体污染型。污染物随水进入农田污染土壤，常见的是利用工业废水或城镇生活污水灌溉农田。

(2) 大气污染型。大气中各种气态或颗粒状污染物沉降到地面进入土壤，其中大气中二氧化硫、氮氧化物及氟化氢等气体遇水后，分别以硫酸、硝酸、氢氟酸等形式落到地面。与此相对，一些颗粒物质在重力作用下或气体污染物受到颗粒物质的吸附，都有可能落到地面并进入土壤。

(3) 农业污染型。农业生产中不断地施用化肥、农药、城市垃圾堆肥、厩肥、污泥等引起的土壤环境污染。污染物质主要集中在土壤表层或耕层。

(4) 生物污染型。由于向农田施用垃圾、污泥、粪便，或引入医院、屠宰牧场及生活污水不经过消毒灭菌，可能使土壤受到病原菌等微生物的污染。

(5) 固体废物污染型，主要包括工矿业废渣、城市垃圾、粪便、矿渣、污泥、粉煤灰、煤屑等固体废物乱堆放，侵占耕地，并通过大气扩散和降水、淋滤，使周围土壤受到污染，还包括地膜和塑料等白色污染。

（6）综合污染型。对于同一区域受污染的土壤，其污染源可能同时来自受污染的地面水体和大气，或同时遭受固体废物以及农药、化肥的污染。因此，土壤环境的污染往往是综合污染型。就一个地区或区域的土壤而言，可能是以一种或两种污染类型为主。

2. 土壤污染物种类

根据化学性质不同，土壤污染物分为以下两种类型：

（1）无机污染物，主要包括重金属（Pb、Cd、Cr、Hg、Zn、As、Se）、放射性元素（^{137}CS、^{90}Sr）和 F^-、酸、碱、盐等。

（2）有机污染物，主要有农药、化肥、酚类物质、氰化物、石油、洗涤剂以及有害微生物、高浓度耗氧有机物等。

二、农药污染

农药和化肥一样是用量最大、使用最广的农用化学物质。“农药的长期大量使用破坏了农田生态系统，造成了严重的污染，亟待解决。”[①] 目前，世界上生产、使用的农药原药已达一千多种，全世界化学农药总产量以有效成分计，大致稳定在 200 万吨。主要是有机氯、有机磷和氨基甲酸酯等。按防治对象不同，农药可分为杀虫剂、杀菌剂、除草剂、杀螨剂、杀线虫剂、杀鼠剂、杀软体动物剂和植物生长调节剂等。

（一）农药对土壤环境的污染

农药主要指用于防治危害农、林、牧、渔生产的病虫害和调节植物、昆虫生长的化学药品及生物药品。农药污染是指在防治病虫害过程中，过量或盲目使用农药对人体健康、生物、水体、大气和土壤环境造成的危害和污染现象。

农药对土壤的污染，主要是通过防治病虫草鼠等有害生物造成的；还有农药厂的“三废”处理不当造成的。例如，农田喷施粉剂时，仅有 10% 的农药吸附在植物体上；喷施液剂，仅有 20% 的农药吸附在作物上，其余部分，40% ~ 60% 降落于地面上，5% ~ 30% 飘浮于空中。落于地面的农药又会随

① 王彦祖，李白．农药污染对我国生态环境的影响及对策分析 [J]. 皮革制作与环保科技，2022，3(15)：77.

降雨形成的地表径流而流入水域或下渗入土壤。飘浮于空中的农药，最后也会因降雨与自身的沉降落入土壤中。

农药对土壤的污染程度，除用药量大小之外，主要取决于不同农药的稳定性及其用量。一般用药量大、稳定性高和挥发性小的农药，在土壤中的残留量就比较大，污染也比较严重。

1. 农药在土壤中的残留

由于农药本身理化性质和其他影响农药消解因子的综合作用，各种常用农药在土壤中的残留性差别很大。从各种农药在土壤中的残留比较来看，有机氯农药残留期较长，有机磷农药残留期短，但如果长期连续使用，特别是使用浓度过高，也会对土壤产生污染。

2. 农药在土壤中的降解和转移

（1）农药在土壤中的降解。

农药在土壤中的化学转化，大多是以水为介质或反应剂的。其中，水解和氧化是农药化学降解的普遍过程。其他反应还有还原作用或异构作用。

第一，水解。许多有机磷农药进入土壤后，可进行水解。水解强度随温度的上升、土壤含水量的增加和 pH 的降低而加强。

第二，氧化与还原。许多含硫农药可在土壤中进行氧化。

第三，光化学降解。土壤表面的农药因受日光照射而发生光化学作用，主要有异构化、氧化、裂解和置换反应。农药的光分解仅限于表面或非常接近表面的残留物，其分解的程度又取决于暴露时间的长短、光的强度与波长以及水、空气和光敏剂存在的条件等。

第四，微生物的分解。土壤微生物对农药的降解作用，是农药在土壤中消失的最重要途径。

凡是影响土壤微生物正常活动的因素，如温度、含水量、通透性、有机质含量、土壤 pH 等，都能影响微生物对农药的降解过程。同时农药本身的性质与土壤微生物的降解作用也有很大的关系，一般含有羟基、羧基、氨基等基团的农药易于降解。

（2）农药在土壤中转移。进入土壤的农药除大部分降解消失外，还有部分可以通过挥发成气体而散失到空中污染大气，或随地表径流污染水系，或被生物吸收污染生物。

农药挥发作用的大小，主要取决于农药本身的蒸气压，并受土壤温度、有机质含量、湿度等因素影响。

农药随水迁移有两种方式：①水溶性大的农药直接溶于水中；②被吸附在水中悬浮颗粒表面而随水流迁移。表土层中的农药可随灌溉水和水土流失向四周迁移扩散，造成水体污染。

3. 农药对生态系统的危害

(1) 农药对植物的影响。农药进入植物体的途径有两个：①从植物体表进入，经气孔或水孔直接经表皮细胞向下层组织渗透，脂溶性农药还能溶解于植物表面蜡质层里而被固定下来；②从根部吸收，在灌溉或降雨后，农药溶于土壤水中，而被植物根吸收。

植物体对农药的吸收取决于农药的种类和性质、植物的种类、土壤因素等。一般内吸性农药能进入植物体内，使植物内部农药残留量高于植物外部；而渗透性农药只沾染在植物外表，外部的农药浓度高于内部。植物的不同种类和同一种类不同部位农药残留也不同，一般叶菜类植物的农药残留量高于果菜类和根菜类。不同植物部位农药含量随转移距离而迅速降低，即茎的上部含量较下部少。土壤有机质含量多、黏土含量多、土壤 pH 低，吸附的农药也多。

(2) 农药对动物的影响。

第一，对昆虫的影响，主要包括：①昆虫种类下降，世界上的昆虫有一百多万种，真正对农作物造成危害、需要防治的昆虫不过几百种；②次要种群变成主要种群，农药杀伤了害虫的天敌如瓢虫，原来因竞争而受到抑制的次要种群变为主要种群，造成害虫的猖獗；③防治对象产生耐药性。

第二，对水生动物的影响。水生动物中以鱼虾类最为明显，由于农药能在鱼体内富集，对鱼毒性较强。同时，稻田中生活着大量的蛙类，多数是在喷药后吞食有毒昆虫而中毒，或蝌蚪被进入水体的农药杀死。一般蝌蚪对农药比较敏感，成蛙耐药力较强。

第三，对鸟类的影响。人们在农田、果园、森林、草地等区域中大量使用化学农药，给鸟类带来了严重的危害。在喷洒农药的区域里，经常会死鸟，尤其以昆虫为食料的鸟类受到的影响较大。此外，鸟类经常因取食用农药处理过的种子致死。

第四，对土壤动物的影响。农药能杀害生活在土壤中的某些无脊椎动物、节肢动物等。

（3）农药对人体健康的影响。农药可经消化道、呼吸道和皮肤三条途径进入人体而引起中毒，其中包括急性中毒、慢性中毒等。特别是有机磷农药能溶解在人体的脂肪和汗液中，可以通过皮肤进入人体，危害人体的健康。

高毒有机磷农药和氨基甲酸农药导致急性中毒，症状包括头晕头痛、恶心、呕吐、多汗且无力等，严重者昏迷、抽搐、吐沫、肺水肿、呼吸极度困难、大小便失禁甚至死亡。慢性中毒一般发病缓慢，病程较长，症状难以鉴别，原因是经常连续吸入或皮肤接触较小量农药，进入人体后逐渐发生病变和出现中毒症状。

（二）农药污染的防治

农药是重要的农业生产资料，对于发展生产、防治病虫草鼠害具有重大作用。然而农药也是具有毒物属性的化学物质，农药的使用又会对人体健康、生物、水体、大气和土壤环境产生危害和污染，已成为影响生产安全、食品安全和环境安全的重要因素。因此，必须高度重视农药污染问题，并采取积极的对策和措施进行有效防治。

1. 减少化学农药使用量

（1）农业防治。农业防治是指利用耕作和栽培等技术手段，改善农田生态环境条件，以控制病虫草害的发生，从而减少农药的使用。如轮作、合理施肥、加强田间管理和选育抗病虫害强的作物品种等。

（2）物理防治。物理防治主要是利用物理方法来预测和捕杀害虫。在农业生产中使用的物理机械方法有人工捕杀、灯光诱杀害虫等。

（3）生物防治。生物防治是指利用自然界有害生物的天敌或微生物来控制有害生物的方法。如我国广泛使用赤眼蜂防治玉米螟、稻卷叶螟。

2. 研制高效、低毒、低残留农药

从农产品安全和环境保护角度出发，加强研制和筛选农药应当符合高效、低毒、低残留的质量要求。

3. 合理使用农药

普及农药、植保知识，做到对症下药，有的放矢地用药，注意用药的浓度与用量，掌握正确、合理的施用量。

4. 加强农药管理

规范管理农药的生产、销售，执行销售农药必须登记制度，打击生产和销售假劣农药，开展对农药的药效、毒理和残留以及对环境的危害等方面的综合评价。

三、化肥污染

化肥是化学肥料的简称，是指由化学工业制造、能够直接或间接为作物提供养分，以增加作物产量、改善农产品品质或改良土壤、提高土壤肥力的一类物质，故化肥是世界上用量最大、使用最广的农用化学物质。伴随化学工业的发展、世界人口的增长、粮食需求幅度的增加，化肥生产和使用的数量逐年增加。

化肥的种类根据其有效成分分为氮肥、磷肥、钾肥、复合肥料和其他中量、微量元素肥料。我国氮肥的主要品种是碳铵（占氮肥总量的54%）、尿素（占氮肥总量的30.8%）和氨水（占氮肥总量的15%），其他品种如硫铵只占总量的0.2%。

化肥污染是指由于长期过量或盲目使用化肥致使土壤环境污染物积累、理化性状恶化，严重影响作物生长及农产品品质；或随灌溉淋入地下水或通过反硝化作用产生 N_2O 并释放到大气中，继而污染环境。故科学合理施肥对确保作物增产、保护生态环境质量极为重要。

（一）化肥对土壤环境的污染

1. 土壤物理性状改变

长期过量施用单一氮肥品种（如氯化铵或硫酸铵），会使土壤物理性质恶化，土壤板结，偏重氮磷肥、钾肥用量少使土壤中营养成分比例失调，如过量的氮肥使植物体内 NO_3^- 积累，进而影响作物产量及品质。

2. 长期施肥会促进土壤酸化

氮肥施用量、累积年限与土壤 pH 变化关系密切，其中，生理酸性肥料如硫酸铵和氯化铵等，引起土壤酸化的作用最强，其次是尿素和硝酸盐类肥料的酸化作用较弱。

3. 降低土壤微生物活性

微生物具有转化有机质、分解复杂矿物和降解有毒物质的作用。合理施用化肥对微生物活性有促进作用，过量施用化肥则会降低其活性。

（二）化肥污染的防治

1. 科学合理施肥

（1）科学的施肥制度。由于土壤性质、栽培耕作制度以及作物品种有一定的差别，因此，要根据土壤的供肥特性、作物的需肥和吸肥规律以及计划产量等因土因作物施肥，提高肥料利用率。

（2）合理配合施肥。有机—无机肥料的配合施用，同时结合微量元素肥料施用，作物需要的多种养分能均衡供应。既可改良土壤，又能使作物高产稳产。

（3）利用3S技术精确施肥。3S技术是指遥感技术（RS）、地理信息系统（GIS）和全球定位系统（GPS）技术。三者联合能够针对农田土壤肥力微小的变化将施肥操作调整到相应的最佳状态，使施肥操作由粗放到精确。

2. 研制化肥新品种，走生态农业道路

推广施用缓控释肥料，该种肥料部分添加了脲酶抑制剂和硝化抑制剂等成分，能提高肥料利用率，减少肥料对环境的污染。

3. 发展复合肥，减少杂质，以提高化肥质量

加强养分资源综合管理要求，将所有养分以最佳的方式组合到一个综合的系统中，使之适合不同农作制度下的生态条件、社会条件和经济条件，以达到作物优质、高产、保持和提高土壤肥力的目的。同时发展和研制新型复合肥、减少杂质，以提高化肥质量，提高肥料利用率。

第二节　噪声污染防治

一、噪声与噪声源

（一）噪声

“随着中国工业化进程的深入和城市建设与交通的快速发展，噪声已成

为日常生产和生活中最常见的污染因素之一。”① 噪声可能是由自然现象产生的，也可能是由人们活动形成的。噪声可以是杂乱无序的宽带声音，也可以是节奏和谐的乐音。总的来说，噪声就是人们不需要的声音，噪声具有客观与主观两个方面的特点。

从物理学的观点看，噪声就是各种频率和声强杂乱无序组合的声音；从生理学和心理学的观点看，令人不愉快、讨厌以致对人们健康有影响或危害的声音都是噪声，即对噪声的判断与个人所处的环境和主观愿望有关。当声音超过人们生活和社会活动所允许的程度时，就成为噪声污染。

1. 噪声污染源的分类

各种各样的声音都起始于物体的振动。凡能产生声音的振动物体统称为声源。噪声的来源有两种：①自然现象引起的自然界噪声；②人为造成的。噪声污染通常指人为造成的。噪声污染源主要有以下几种类型：

（1）工厂噪声污染源。工厂各种产生噪声的机械设备，如运行中的排风扇、鼓风机、内燃机、空气压缩机、汽轮机、织布机、电锯、电机、风铲、风铆、球磨机、振捣台、冲床机和锻锤等。

（2）交通运输污染源。运行中的汽车、摩托车、拖拉机、火车、飞机和轮船等。

（3）建筑施工噪声污染源。运转中的打桩机、混凝土搅拌机、压路机和凿岩机等。

（4）社会生活噪声污染源。高音喇叭、商业、交际等社会活动和家用电器等。

2. 噪声的分类

（1）机械性噪声。这类噪声是在撞击、摩擦和交变的机械力作用下部件发生振动而产生的。破碎机、电锯、打桩机等产生的噪声属于此类。

（2）空气动力性噪声。这类噪声是高速气流、不稳定气流中由于涡流或压力的突变引起了气体的振动而产生的。鼓风机、空压机、锅炉排气放空等产生的噪声属于此类。

（3）电磁性噪声。这类噪声是由于磁场脉动、磁场伸缩引起电气部件振动而产生的。电动机、变压器等产生的噪声属于此类。

① 徐宏伟．噪声职业病的危害分析与相应预防措施探析 [J]. 中国卫生产业，2019，16(30)：150.

（4）电声性噪声。这类噪声是由于电—声转换而产生的。广播、电视等产生的噪声属于此类。

3. 噪声的特征

（1）主观性。噪声是感觉公害，任何声音都可以成为噪声。噪声是人们不需要的声音的总称，因此，一种声音是否属于噪声全由判断者心理和生理上的因素所决定。例如，优美的音乐对正在思考问题的人属于噪声。

（2）局部性。声音在空气中传播时衰减很快，它不像大气污染和水污染那样影响面广，而只对一定范围内的区域有不利的影响。

（3）暂时性。噪声污染在环境中不会有残剩的污染物质存在，一旦噪声源停止发声后，噪声污染也立即消失。

（4）间接性。噪声一般不直接致命，它的危害是慢性的和间接的。

二、噪声的危害

（一）对人体健康的影响

1. 听力损伤

（1）急性损伤。当人们突然暴露于极强烈的噪声之下，由于其声压很大，常伴有冲击波，可造成听觉器官的急性损伤，称为暴振性耳聋或声外伤。此时，耳的鼓膜破裂、流血，双耳完全失听。

（2）慢性损伤。除急性损伤以外，噪声还会对人的听觉系统造成慢性损伤。人们长期在强噪声环境下工作会形成一定程度的听力损失。衡量听力损失的量是听力阈级。听力阈级是指耳朵可以觉察到的纯音声压级。它与频率有关，可用专用的听力计测定。阈级越高，说明听力损失或部分耳聋的程度越深。

2. 生理影响

（1）噪声会使大脑皮层兴奋和抑制平衡失调，导致神经系统疾病，患者常出现头痛、耳鸣、多梦、失眠、心慌、记忆力衰退等症状。

（2）噪声还会导致交感神经紧张，代谢或微循环失调，引起心血管系统疾病，使人产生心跳加快、心律不齐、血管痉挛、血压变化等症状。当今生活中的噪声是造成心脏病的重要原因之一。

（3）噪声作用于人的中枢神经系统时，会影响人的消化系统，导致肠胃机能阻滞、消化液分泌异常、胃酸度降低、胃收缩减迟，造成消化不良、食欲不振、胃功能紊乱等症状，从而导致胃病及胃溃疡的发病率增高。

（4）噪声还会伤害人的眼睛。当噪声作用于人的听觉器官后，由于神经传入系统的相互作用，使视觉器官的功能发生变化，引起视力疲劳和视力减弱，如对蓝色和绿色光线视野增大，对金红色光线视野缩小。

（二）对生活和工作的干扰

睡眠对人是极重要的，它能够调节人的新陈代谢，使大脑得到休息，从而消除体力和脑力疲劳。因此，保证睡眠是关系到人体健康的重要因素。但是噪声会影响人的睡眠质量，老年人和病人对噪声干扰比较敏感。当睡眠受到噪声干扰后，工作效率和健康都会受到影响。

连续噪声可以加快熟睡到轻睡的回转，使人多梦，熟睡的时间缩短。突然的噪声还可使人惊醒。环境噪声会掩蔽语言声音，使语言清晰度降低。语言清晰度是指被听懂的语言单位百分数。噪声级比语言声级低很多时，噪声对语言交谈几乎没有影响。噪声级与语言声级相当时，正常交谈受到干扰。噪声级高于语言声级 10dB 时，谈话声就会被完全掩蔽。

由于噪声容易使人疲劳，因此会使相关人员难以集中精力，从而使工作效率降低，这对于脑力劳动者尤为明显。

此外，由于噪声的掩蔽效应，会使人不易察觉一些危险信号，从而容易造成工伤事故。

（三）损害设备和建筑物

噪声对仪器设备的危害与噪声的强度、频谱以及仪器设备本身的结构特性密切相关。当噪声级超过 135dB 时，电子仪器的连接部位会出现错动，引线产生抖动，微调元件发生偏移，使仪器发生故障而失效。当噪声超过 150dB 时，仪器的元器件可能失效或损坏。

高强度和特高强度噪声能损害建筑物的结构。航空噪声对建筑物的影响很大，如超声速低空飞行的军用飞机在掠过城市上空时，可导致民房玻璃破碎、烟囱倒塌等损害。

三、噪声控制

（一）噪声控制的基本原理

噪声从声源发生，通过一定的传播途径到达接受者，才能发生危害。因此，噪声污染涉及噪声源、传播途径和接受者三个环节组成的声学系统。要控制噪声必须分析这个系统，既要分别研究这三个环节，又要做综合系统的考虑。

1. 噪声源的控制

噪声源的控制是最根本的措施，包括改进结构、改造生产工艺、提高机械加工和装配精度、降低高压高速气流的压差和流速等措施。

2. 传播途径上的控制

传播途径上的控制是噪声控制中的普遍技术，包括隔声、吸声、消声、阻尼减振等措施。

3. 对接受者的保护

对噪声接受者进行防护，除了减少人员在噪声环境中的暴露时间外，可采取各种个人防护手段，如佩戴耳塞、耳罩或者头盔等。对于精密仪器设备，可将其安置在隔声间内或隔振台上。

（二）噪声控制的基本技术

1. 吸声

在噪声控制工程设计中，常用吸声材料和吸声结构来降低室内噪声，尤其在体积较大、混响时间较长的室内空间，此应用相当普遍。吸声材料按其吸声机理来分类，可以分为以下几种类型：

（1）多孔吸声材料。多孔吸声材料是目前应用最广泛的吸声材料。最初的多孔吸声材料是以麻、棉、棕丝、毛发、甘蔗渣等天然动植物纤维为主，目前则以玻璃棉、矿渣棉等无机纤维替代。这些材料可以为松散的，也可以加工成棉絮状或采用适当的黏结剂加工成毡状或板状。

多孔材料内部具有无数细微孔隙，孔隙间彼此贯通，且通过表面与外界相通，当声波入射到材料表面时，一部分在材料表面上反射，一部分则透入材料内部向前传播。在传播过程中，引起孔隙中的空气运动，与形成孔壁的固体筋络发生摩擦，由于黏滞性和热传导效应，将声能转变为热能而耗散掉。声波在刚性壁面反射后，经过材料回到其表面时，一部分声波透回空气中，另一部分又反射回材料内部，声波的这种反复传播过程，就是能量不断转换耗散的过程，如此反复，直到平衡，这样材料就吸收了部分声能。

(2) 共振吸声结构。在室内声源所发出声波的激励下，房间壁、顶、地面等围护结构以及房间中的其他物体都将发生振动。振动着的结构或物体由于自身的内摩擦和与空气的摩擦，要把一部分振动能量转变成热能而消耗掉，根据能量守恒定律，这些损耗掉的能量必定来自激励它们振动的声能量。因此，振动结构或物体都要消耗声能，从而降低噪声。结构或物体有各自的固有频率，当声波频率与它们的固有频率相同时，就会发生共振。这时，结构或物体的振动最强烈，振幅和振动速度都达到最大值，从而引起的能量损耗也最多，吸声效果最好。

2. 隔声

隔声是在噪声控制中最常用的技术之一。声波在空气中传播时，使声能在传播途径中受到阻挡而不能直接通过的措施，称为隔声。隔声的具体形式如下：

(1) 隔声墙。隔声技术中常把板状或墙状的隔声构件称为隔板或隔墙。仅有一层隔板的称为单层墙；有两层或多层，层间有空气或其他材料的称为双层墙或多层墙。

单层隔声墙的隔声量和单位面积质量的对数成正比。隔墙的单位面积质量越大，隔声量就越大，单位面积质量提高1倍，隔声量增加6dB；同时频率越高，隔声量越大，频率提高1倍，隔声量也增加6dB。

双层隔声结构的隔声量比单层要有所提高，主要原因是空气层的作用。空气层可以看成与两层墙板相连的“弹簧”，声波入射到第一层墙透射到空气层时，空气层的弹性形变具有减振作用，传递给第二层墙的振动大为减弱，从而提高了墙体的总隔声量。

(2) 隔声罩。隔声罩是噪声控制设计中常被采用的设备，例如，空压机、水泵、鼓风机等高噪声源，如果其体积小，形状比较规则，或者虽然体积较大，但空间及工作条件允许，可以用隔声罩将声源封闭在罩内，以减少向周围的声辐射。隔声罩由隔声材料、阻尼涂料和吸声层构成。隔声材料可以用 1 ~ 3mm 的钢板，也可以用较硬的木板。钢板上要涂一定厚度的阻尼层，防止钢板产生共振。

（3）隔声间。隔声间的应用主要有两种情况：①在高噪声环境下需要一个相对比较安静的环境，必须用特殊的隔声构件进行建造，防止外界噪声的传入；②声源较多，采取单一噪声控制措施不易奏效，或者采用多种措施治理成本较高，就把声源围蔽在局部空间内，以降低噪声对周围环境的污染。这些由隔声构件组成的具有良好隔声性能的房间统称为隔声间或隔声室。

隔声间一般采用封闭式，它除需要有足够隔声量的墙体外，还需要设置具有一定隔声性能的门、窗等。

（4）声屏障。在声源与接收点之间设置障板，阻断声波的直接传播，以降低噪声，这样的结构称为声屏障。如在行人稠密的公路、铁路两侧设置隔声堤、隔声墙等。在大型车间设置活动隔声屏可以有效地降低机器的高中频噪声。

3. 消声

消声器是一种既能允许气流顺利通过，又能有效地阻止或减弱声能向外传播的装置。但消声器只能用来降低空气动力设备的进排气口噪声或沿管道传播的噪声，而不能降低空气动力设备本身所辐射的噪声。

（1）阻性消声器。阻性消声器是一种吸收型消声器，利用声波在多孔吸声材料中传播时，因摩擦将声能转化成热能而散发掉，从而达到消声的目的。一般来说，阻性消声器具有良好的中高频消声性能，而低频消声性能较差。

（2）抗性消声器。抗性消声器与阻性消声器不同，它不使用吸声材料，仅依靠管道截面的突变或旁接共振腔等在声传播过程中引起阻抗的改变而产生声能的反射、干涉，从而降低由消声器向外辐射的声能，达到消声的目的。常用的抗性消声器有扩张室式、共振腔式、插入管式、干涉式、穿孔板式等。这类消声器的选择性较强，适用于对窄带噪声和中低频噪声的控制。

第三节　放射性污染与光、热污染防治

一、放射性污染及其控制

（一）放射性污染与污染源

1. 放射性污染物

人类活动排放的放射性污染物，使环境的放射性水平高于天然本底或超过国家规定的标准，称为放射性污染。放射性核素排入环境后，可造成大气、水体和土壤的污染。由于大气扩散和水体输送，可在自然界得到稀释和迁移。放射性核素可被生物富集，使某些动物、植物，特别是在一些水生生物体内，放射性核素的浓度比环境中高出许多倍。在大剂量的照射下，放射性会破坏人体和动物的免疫功能，损伤其皮肤、骨骼及内脏细胞。放射性还能损害遗传物质，引起基因突变和染色体畸变。

2. 人工放射性污染源

（1）核武器试验的沉降物。全球频繁的核武器试验是核放射污染的主要来源。核武器试验造成的环境污染影响面涉及全球，其沉降灰中危害较大的有 ^{90}Sr、^{137}CS、^{131}I、^{14}C。

（2）核燃料循环的“三废”排放。20世纪50年代以后，核能开始应用于动力工业中。核动力的推广应用，加速了原子能工业的发展。原子能工业的中心问题是核燃料的产生、使用和回收。而核燃料循环的各个阶段均会产生“三废”，这会给周围环境带来一定程度的污染，其中最主要的是对水体的污染。

（3）医疗照射。由于辐射在医学上的广泛应用，医用射线源已成为主要的人工污染源。辐射在医学上主要用于对癌症的诊断和治疗两个方面。这些辐射大多数为外照射，而服用带有放射性的药物则造成了内照射。

（4）其他。其他辐射污染来源可归纳为两类：①工业、医疗、军队、核动力舰艇或研究用的放射源，因运输事故、偷窃、误用、遗失以及废物处理等失去控制而对居民造成大剂量照射或污染环境；②一般居民消费用品，包括含有天然或人工放射性核素的产品，如放射性发光表盘、夜光表以及彩色电视机产生的照射，虽对环境造成的污染很小，但也有研究的必要。

(二) 放射性污染的控制

根据放射性只能依赖自身衰变而减弱直至消失的固有特点，对高放及中、低放长寿命的放射性废物采用浓缩、贮存和固化的方法进行处理；对中、低放短寿命废物则采用净化处理或滞留一段时间待减弱到一定水平再稀释排放。

1. 重视放射性废气处理

核设施排出的放射性气溶胶和固体粒子，必须经过滤净化处理，使之减到最小限度，符合国家排放标准。

2. 强化放射性废水处理

铀矿外排水必须经回收铀复用或净化后排放；水冶厂废水应适当处理后送尾矿库澄清，上清液返回复用或达标排放；核设施产生的废液要注意改进和强化处理，提高净化效能，降低处理费用，减少二次废物产生量。

3. 妥善处理固体放射性废物

废矿石应填埋，并覆土、种植植被做无害化处理；尾砂坝初期用当地土、石，后期用尾砂堆筑，顶部需用泥土、草皮和石块覆盖；核设施产生的易燃性固体废物需装桶送往废物库集中贮存；焚烧后的放射性废物，其灰渣应装桶或固化贮存。

二、光污染、热污染及其防治

(一) 光污染及其防治

“光污染是一种新型的环境污染，主要包括白光污染、人工白昼和彩光污染，其不仅威胁城市居民的身体健康，更制约城市的高质量发展，甚至破坏自然环境，打破生态平衡。”①

1. 光污染类型

光对人居环境、生产和生活至关重要。但超量光子的生物效应包括热效应、电离效应和光化学效应，均可对人体特别是眼部和皮肤产生不良的影

① 刘田原．光污染治理：国内实践与国外经验的双向考察 [J]. 西北民族大学学报（哲学社会科学版），2022(01)：109.

响。人类活动造成的过量光辐射对人类和环境产生的不良影响称为光污染。光污染包括以下几种类型：

（1）可见光污染。可见光污染比较常见的是眩光，例如，汽车夜间行驶所使用的车头灯、球场和厂房中布置不合理的照明设施都会造成眩光污染。在眩光的强烈照射下，人的眼睛会因受到过度刺激而损伤，甚至有导致失明的可能。

（2）红外线污染。红外线是一种热辐射，对人体可造成高温伤害。较强的红外线可以灼伤人的皮肤和视网膜；波长较长的红外线可灼伤人的眼角膜；长期在红外线的照射下，可以使人罹患白内障。

（3）紫外线污染。紫外线对人体的伤害主要是眼角膜和皮肤。造成眼角膜损伤的紫外线波长为250～305nm，其中波长为280nm的作用最强。紫外线对皮肤的伤害主要是引起红斑和小水疱；对眼角膜的伤害表现为一种称为畏光眼炎的极痛的角膜白斑伤害。

2. 光污染的防治

（1）在城市中，除需限制或禁止在建筑物表面使用隐框玻璃幕墙外，还应完善立法，加强灯火管制，避免光污染的产生。

（2）在有红外线及紫外线产生的工作场所，应适当采取安全办法，如采用可移动屏障将操作区围住，以防止非操作者受到有害光源的直接照射等。

（3）个人防护光污染最有效的措施是保护眼部和裸露皮肤勿受光辐射的影响，为此佩戴护目镜和防护面罩十分有效。

（二）热污染及其防治

在生产和生活中有大量的热量排入环境，这会使水体和空气的温度升高，从而引起水体、大气的热污染。

1. 水体热污染及其防治

水体热污染主要来源于含有一定热量的工业冷却水。工业冷却水大量排入水体，势必使水体温度升高，对水质产生影响。

热污染对水体的水质会产生影响。当温度上升时，由于水的黏度降低，密度减小，可使水中沉淀物的空间位置和数量发生变化，导致污泥沉积量增多。水温升高，还引起氧的溶解度下降，其中存在的有机负荷会因消化降解过程加快而加速耗氧，出现氧亏。此时，可能使鱼类由于缺氧导致难以存活。同时水中化学物质的溶解度提高，并使其生化反应加速，从而影响在一定条件下存活的水生生物的适应能力。在有机物污染的河流中，水温上升时一般可使细菌的数量增多。另外，水温变化对鱼类和其他冷血水生动物的生长和生存都会有一定的影响。

水体的热污染防治措施包括：①加强水体观察，将热监督作为重要的常规项目，制定废热排放标准；②提高降温技术水平，减少废热排放量；③对水体中排入废热源进行综合利用。

2. 大气热污染及其防治

人类使用的全部能源最终将转化为一定的热量逸散到大气环境中。向大气排入热量对大气环境造成的影响主要表现在两个方面：①燃料燃烧会有大量二氧化碳产生，使大气层温度升高，引起全球气候变化；②由于工业生产、机动车辆行驶和居民生活等排出的热量远高于郊区农村，所形成的热岛现象和产生的温室效应会给城市的大气环境带来一系列不利影响，特别是在静风条件下，热岛造成的污染将终日存在。

热污染的防治措施包括：①增加森林覆盖面积，在城市和工业区有计划地利用空地种植并扩大绿化面积；②积极开发和利用洁净的新能源，这类新能源的推广应用必将起到减少热污染的作用；③改进现有能源利用技术，提高热能利用率。

第四节　其他重要污染防治

一、水污染及其防治

（一）水污染、废水及水体环境

1. 水污染与污染源

水是自然界的基本要素，是生命得以生存、繁衍的基本物质条件之一，也是工农业生产和城市发展不可或缺的重要资源。人们以往把水看成取之不尽、用之不竭的最廉价自然资源，但随着人口的膨胀和经济的发展，水资源短缺的现象正在很多地区相继出现，水污染及其带来的危害更加剧了水资源的紧张，并对人类的身体健康造成了威胁。防治水污染、保护水资源已成为当下的迫切任务。

水污染是指水体因某种物质的介入，而导致其化学性、物理性、生物性或者放射性等方面特性的改变，从而影响水的有效利用，危害人体健康或者破坏生态环境，造成水质恶化的现象。水污染加剧了全球的水资源短缺，危及人体健康，严重制约了人类社会、经济与环境的可持续发展。

根据水污染物质及其形成污染的性质，可以将水污染分为以下几种类型：

(1) 化学性污染。

第一，酸碱盐污染。酸碱盐污染物包括酸、碱和一些无机盐等无机化学物质。酸碱盐污染使水体 pH 变化、提高水的硬度、增加水的渗透压、改变生物生长环境、抑制微生物的生长、影响水体的自净作用和破坏生态平衡。此外，腐蚀船舶和水中构筑物，影响渔业，使水体不适合生活及工农业使用。酸污染主要来自矿山、钢铁厂及染料工业废水；碱污染主要来自造纸、炼油、制碱等行业；盐污染主要来自制药、化工和石油化工等行业。

第二，重金属污染。重金属污染是指由重金属及其化合物造成的环境污染，其中汞、镉、铅、铬 (六价) 及类金属砷 (三价) 危害性较大。排放重金属污染废水的行业有电镀工业、冶金工业、化学工业等。有毒重金属在自然界中通过食物链而积累、富集，以致直接作用于人体而引起严重的疾病或慢性病。震惊于世的日本水俣病就是汞污染造成的，骨痛病是由镉污染导致的。

第三，有机有毒物质污染。污染水体的有机有毒物质主要是各种酚类化合物、有机农药、多环芳烃、多氯联苯等。其中有的化学性质稳定，难被生物降解，具有生物累积、可长距离迁移等特性，称为持久性有机污染物。其中一部分化合物在十分低的剂量下即具有致癌、致畸、致突变作用，对人类及动物的健康构成极大的威胁。有机毒物主要来自焦化、燃料、农药、塑料合成等工业废水，农业排水含有机农药。

第四，需氧物质污染。废水中含有的糖类、蛋白质、油脂、氨基酸、脂肪酸、酯类等有机物，在微生物作用下氧化分解为简单的无机物，并消耗大量水中溶解氧，称为需氧物质。此类有机物过多，造成水中溶解氧缺乏，影响水中其他生物的生长。水中溶解氧耗尽后，有机物进行厌氧分解而产生大量硫化氢、氨、硫醇等物质，使水质变黑发臭，造成环境质量恶化，称为黑臭水体，同时也造成水中的鱼类和其他水生生物死亡。生活污水和许多工业废水如食品工业、石油化工工业、制革工业、焦化工业等废水中都含有这类有机物。

第五，植物营养物质污染。生活污水、农田排水及某些工业废水中含有一定量的氮、磷等植物营养物质，排入水体后，使水体中氮、磷含量升高，在湖泊、水库、海湾等水流缓慢水域富积，使藻类等浮游生物大量繁殖，此为“水体的富营养化”。藻类死亡分解后，增加水中营养物质含量，使藻类加剧繁殖，水体呈现藻类颜色（红色或绿色），阻断水面气体交换，造成水中溶解氧下降，水质恶化，鱼类死亡，严重时可使水草丛生，湖泊退化。

第六，油类物质污染。油类物质污染是指排入水体的油脂造成水质恶化，生态破坏，危及人体健康。随着石油工业的发展，油类物质对水体的污染日益增多。炼油、石油化工、海底石油开采、油轮压舱水的排放都可使水体遭受严重的油类物质污染。海洋采油和油轮事故造成的污染更严重。

（2）物理性污染。

第一，悬浮物污染。悬浮物是指悬浮于水中不溶于水的固体或胶体物质。造成水体浑浊度提高，妨碍水生植物的光合作用，不利于水生生物的生长。主要是由生活污水、垃圾和采矿、建筑、冶金、化肥、造纸等工业废水引起的。悬浮物质影响水体外观，妨碍水生植物的生长。悬浮物颗粒容易吸附营养物、有机毒物、重金属等有毒物质，使污染物富集，危害加大。

第二，热污染。由热电厂、工矿企业排放高温废水引起水体的局部温度升高，称为热污染。水温升高，溶解氧含量降低，微生物活动增强，某些有毒物质的毒性作用增加，改变了水生生物的生存条件，破坏了生态平衡条件，不利于鱼类及其他水生生物的生长。

第三，放射性污染。放射性污染来自原子能工业和使用放射性物质的民用部门。放射性物质可通过废水进入食物链，对人体产生辐射，长期作用可导致肿瘤、白血病和遗传障碍等。

（3）生物性污染。带有病原微生物的废水（如医院废水）进入水体后，随水流传播，对人类健康造成极大的威胁。主要是消化道传染疾病，如伤寒、霍乱、痢疾、肠炎、病毒性肝炎、脊髓灰质炎（小儿麻痹症）等。

在实际的水环境中，各类污染物是同时并存的，也相互作用。往往有机物含量较高的废水中，同时存在病原微生物，对水体产生共同污染。

2. 废水的成分和性质

引起水体污染的主要污染源有工业废水、农业排水和生活污水等，这些废水通过排水管道集中排出，成为点污染源。农田排水及地表径流分散成片地排入水体，其中往往含有化肥、农药等污染物，形成了面污染源。

（1）工业废水。工业废水是指各种工业企业在生产过程中排出的废水，包括工艺过程用水、机械设备冷却水、烟气洗涤水、设备和场地清洗水及生产废液等。废水中含有生产原料、成品、副产品和生产过程生成物等。

工业企业种类繁多，工业废水中污染物成分复杂，含量变化较大。同一种工业类型同时排出不同性质的废水，而一种废水又可含有不同的污染物和产生不同的污染效应。工业废水具有以下特点：

第一，污染量大。工业行业用水量大，其中70%以上转变为工业废水排入环境，废水中污染物浓度较高。

第二，成分复杂。工业污染物成分复杂、形态多样，包括有机物、无机物、重金属、放射性物质等有毒有害物质。特别是随着化学工业的发展，合成出大量的世界上未曾有过的有机物质，在生产过程中难免有部分随工艺水进入废水中。污染物质的多样性极大地增加了工业废水的处理难度。

第三，感官不佳。工业废水常常带有令人不悦的味道和颜色。

第四，水质水量多变。工业废水的水质水量随着生产工艺、生产方式、设备状况、管理水平和生产时段等的不同而有很大差异，因此，给废水处理带来很大的困难。

不同的行业废水有其独特的污染物，表现出不同的水质特点。按照工业企业的行业性质，可以将废水分为造纸废水、石化废水、农药废水、印染废水、制革废水、电镀废水等。

（2）农业排水。农作物种植栽培、牲畜饲养、食品加工等过程中排出的污水为农业排水。农业生产用水量大，重复利用率小。

在农业生产中，喷洒农药和施用化肥，只有少量起到功效，其余绝大部分残留在土壤和植物表面，通过降雨、沉降和地表水的溶解，进入水体，造成污染。农药是农业污染的主要方面。各类农药的不合理施用，使其在土壤、水体、大气、农作物和水生生物体内富集，达到一定阈值，从而对生物产生毒害作用。

滥施化肥是造成农田附近水体严重污染的原因之一。各类蔬菜和大田作物的生产过程中，氮肥的施用不断增加，加之畜牧业的集约化，大型饲养场的增加，各种废弃物的排放，使其附近接纳水体污染。磷肥在农业生产中普遍使用，在土壤中通过地表径流进入水体，造成水体的富营养化。农业排水中含有微生物、悬浮物、化肥、农药和盐分等各种污染物。农业排水覆盖面广、分散，对地表水和地下水污染影响较大。

（3）生活污水。生活污水是人们日常生活中产生的各种污水的混合水，包括厕所冲洗水、厨房排水、洗涤排水、沐浴排水等。除家庭生活污水外，还有各种集体单位和公共事业单位排出的污水。城市污水是指排入城市污水管网各种污水的总和，有生活污水，也有一定量的各种工业废水，还有地面的降水、融雪水，并夹杂各种垃圾、废物、污泥等。

3. 水体自净和水环境容量

（1）水体自净作用。水体自净能力是指水体通过流动和物理、化学、生物作用，使污染程度降低或使污染物分解、转化，经过一段时间逐渐恢复到清洁状态的功能，包括稀释、扩散、沉淀、氧化还原、生物降解（有机物质通过生物代谢作用而分解的现象）、微生物降解（微生物把有机物质转化为简单无机物的现象）等。通过水体的自净，可以使进入水体的污染物质迁移、转化，使水体水质得到改善。

第一，水体的物理自净。水体的物理自净过程是指由于稀释、扩散、沉淀和混合等作用而使污染物在水中的浓度降低的过程。稀释作用的实质是污染物质在水体中因扩散而降低浓度，稀释并不能改变也不能去除污染物质。污染物质进入水体后，存在两种运动形式：①由于水流的推动而产生的沿着水流前进方向的运动，称为推流或平流；②由于污染物质在水中浓度的差异而形成的污染物从高浓度处向低浓度处的迁移，称为扩散。

第二，水体的化学自净。水体的化学自净过程是指由于氧化还原、分解、化合、凝聚、中和、吸附等反应而引起的水中污染物浓度降低的过程。

其中，氧化还原是水体化学自净的主要作用。水体中的溶解氧可与某些污染物产生氧化反应，如铁、锰等重金属离子可被氧化成难溶性的氢氧化铁、氢氧化锰而沉淀，硫离子可被氧化成硫酸根随水流迁移。还原反应则多在微生物的作用下进行，如硝酸盐在水体缺氧条件下，由于反硝化菌的作用还原成氮而被去除。

第三，水体的生化自净。有机污染物进入水体后在微生物作用下氧化分解为无机物的过程，可以使有机污染物的浓度大大减小，这就是水体的生化自净作用。

生化自净作用需要消耗氧，所消耗的氧如得不到及时补充，生化自净过程就要停止，水体水质就要恶化。因此，生化自净过程实际上包括了氧的消耗和氧的补充两个方面的作用。氧的消耗过程主要取决于排入水体的有机污染物的数量，也要考虑排入水体中氨氮的数量，以及废水中无机性还原物质的数量。氧的补充和恢复一般有两个途径：①大气中的氧向含量不足的水体扩散，使水体中的溶解氧增加；②水生植物在阳光照射下进行光合作用释放氧气。

（2）水环境容量。水体所具有的自净能力就是水环境接纳一定量污染物的能力。一定水体所能容纳污染物的最大负荷称为水环境容量。正确认识和利用水环境容量对水污染物控制有重要的意义。

水环境容量的大小与下列因素有关：

第一，水体的用途和功能。我国地表水环境质量标准中按照水体的用途和功能将水体分为五类，每类水体规定有不同的水质标准。显然，水体的功能越强，对其要求的水质目标也越高，其水环境容量就会越小。

第二，水体的特征。水体本身的特性，如河宽、河深、流量、流速以及其天然水质等，对水环境容量的影响很大。

第三，水污染的特性。污染物的特性包括扩散性、降解性等，都影响水环境容量。一般污染物的物理、化学性质越稳定，其环境容量越小；可降解有机物的水环境容量比难降解有机物的水环境容量大得多；而重金属污染物的水环境容量则甚微。

（二）水质指标与水质标准

1. 水质指标

水质指标是指水中所含杂质的种类、成分和数量，是判断水质是否符合要求的具体衡量标准。水质指标可概括地分为以下几个类型：

（1）物理性水质指标。物理性水质指标包括水温、外观（包括漂浮物）、颜色、臭和味、浑浊度、透明度、悬浮固体含量、电导率和氧化还原电位。悬浮固体含量是指把水样经滤纸过滤后，被滤纸截留的残渣在 103 ~ 105℃烘干后固体物质的量。

（2）化学性水质指标。一般化学性水质指标包括 pH、碱度、硬度、各种阳离子、各种阴离子、总含盐量、一般有机物质等；有毒化学性水质指标包括各种重金属、氰化物、多环芳烃、各种农药等；氧平衡指标包括溶解氧、化学需氧量、生化需氧量、总需氧量等。

第一，pH。反映水体的酸碱性质。天然水体的 pH 一般在 6 ~ 9，饮用水的适宜 pH 在 6.5 ~ 8.5。

第二，溶解氧。溶解氧是指溶解在水中氧气的浓度。由于水中有机物通常要氧化分解，消耗水中氧气，导致水体溶解氧降低，因此，溶解氧值是间接反映水体受有机物污染程度的指标。溶解氧值越高，说明水中总有机物浓度越低，水体受有机物污染程度越低。

第三，生化需氧量。生化需氧量是指在 20℃水温下，微生物氧化有机物所消耗的氧量。水中各种有机物被微生物完全氧化分解大约需要 100 天，为了缩短检测时间，一般生化需氧量以被检验的水样在 20℃下五天内的耗氧量为代表，称为五日生化需氧量，简称 BOD_5。对生活污水来说，五日生化需氧量约等于完全氧化分解耗氧量的 70%。生化需氧量的测定条件与有机物进入天然水体后被微生物氧化分解的情况相似，因此能够直接反映水中能被微生物氧化分解的有机物量，较准确地体现有机物对水质的影响。

第四，化学需氧量。化学需氧量是指在一定条件下，水中各种有机物在强氧化剂作用下，将有机物氧化成二氧化碳和水所消耗的氧化剂量。常采用的氧化剂是重铬酸钾，在强酸性条件下，与定量水样混合并加热回流 2h，水中绝大部分有机物被氧化。因此，化学需氧量可以较精确地表示污水中有机物的总含量，测定时间短，不受水质限制，应用较为广泛。

第五，高锰酸盐指数。高锰酸盐指数是指在一定条件下，以高锰酸钾为氧化剂，处理水样时所消耗的氧化剂的量。此法也被称为化学需氧量的高锰酸钾法。高锰酸盐指数仅限于测定地表水、饮用水和生活污水，不适用于工业废水。

第六，总有机碳。总有机碳是指水体中溶解性和悬浮性有机物含碳的总量，是评价水体需氧有机物的一个综合指标。

第七，总需氧量。总需氧量是指水中能被氧化的物质，主要是有机物质在燃烧中变成稳定的氧化物时所需要的氧量。

（3）生物学水质指标。生物学水质指标包括细菌总数、总大肠菌群数、各种病原细菌、病毒等。大肠菌群数是每升水样中含有大肠菌群的数目，作为卫生指标，可用来判断水体是否受到粪便污染，是否存在病原菌。病毒是表明水体中是否存在病毒及其他病原菌的指标。

(4) 放射性指标。放射性指标包括总放射性、总 p 放射性、^{226}Ra 和 ^{228}Ra 等。

2. 水质标准

水的用途不同，对水质的要求也不同，因此，应当建立起相应的物理、化学和生物学的质量标准，对水中的杂质加以限制。此外，为了保护环境、保护水体的正常用途，也需要对排入水体的生活污水和工农业废水提出一定的限制和要求。这就是水质标准。水质标准是环境标准的一种。我国常用水质标准如下：

（1）地表水环境质量标准。保护地表水体不受污染是环境保护工作的重要任务之一，它直接影响水资源的合理开发和有效利用。这就要求一方面要制定水体的环境质量标准和废水的排放标准，另一方面要对必须排放的废水进行必要而适当的处理。

我国地表水按功能划分为以下几种类型：

①Ⅰ类主要适用于源头水、国家自然保护区。

②Ⅱ类主要适用于集中式生活饮用水地表水源地一级保护区、珍稀水生生物栖息地、鱼虾产卵场、仔稚幼鱼的索饵场等。

③Ⅲ类主要适用于集中式生活饮用水地表水源地二级保护区、鱼虾类越冬场、洄游通道、水产养殖区等渔业水域及游泳区。

④Ⅳ类主要适用于一般工业用水区及人体非直接接触的娱乐用水区。

⑤Ⅴ类主要适用于农业用水区及一般景观要求水域。

不同功能的水域执行不同标准值。同一水域兼有多类功能的执行最高功能类别对应的标准值。

（2）生活饮用水卫生标准。饮用水直接关系到人们日常生活和身体健康，因此供给居民足量的优质饮用水是最基本的卫生条件之一。生活饮用水水质标准制定的原则如下：

第一，卫生上安全可靠，饮用水中不应含有各种病原微生物和寄生虫卵。

第二，化学成分对人体无害，不应对人体健康产生不良影响或对人体感官产生不良刺激。

第三，使用时不至于造成其他不良影响，如过高的硬度导致水垢的形成等。

（三）水污染控制与处理技术

1. 水污染控制

一方面，水污染是当今世界各国面临的共同问题，随着经济的发展、人口的增长和城市化进程的加快，全球水污染日益加重；另一方面，由于人们生活水平的提高，对水环境质量的要求也日益提高，形成了矛盾。因此，进行水污染控制，保证水环境的可持续利用，已成为世界各国特别是发展中国家最紧迫的任务之一。水污染控制应分别从以下几个方面共同控制以达到控制目的：

（1）污染预防。污染预防主要是利用法律、管理、经济、技术和宣传教育等手段，对生活污水、工业废水和农村面源等进行综合控制，防止污染发生，削减污染排放。控制污染源的重点是工业污染源和农村面源。对于工业污染源，推行清洁生产的控制方法。清洁生产是指采用能源利用率最高、污染物排放量最小的生产工艺。

（2）污染治理。对产生的污水进行合理处理，确保在排入水体前达到国家或地方规定的排放标准。对于含酸、碱、有毒有害物质、重金属或其他污染物的工业废水，应先进行厂内处理，满足受纳水体要求的标准，方可排出。在城市重点建设城市污水处理厂，使污水进行大规模集中处理。同时，重视城市污水管网的规划建设，实现雨污分流。

(3) 污染管理。对污染源、水体及处理设施进行综合整体规划管理。包括对污染源和受纳水体断面常规的监测和管理、对污水处理厂的监测和管理以及对水体卫生特征的监测和管理。

2. 废水处理的常见方法及流程

(1) 废水处理的基本方法。废水处理的目的就是将废水中的污染物以某种方法分离出来，或者将其分解转化为无害的稳定物质，从而使污水得到净化。一般要达到防止毒害和病菌的传染，避免有异味的目的，以满足不同用途的需求。

废水处理方法的选择，应当根据废水中污染物的性质、组成、状态及水量、排放接纳水体的类别或水的用途而定。同时要考虑废水处理过程中所产生的污泥、残渣的处理利用和可能出现的二次污染问题。

一般废水的处理方法可分为以下几种类型：

第一，物理法。利用物理作用处理、分离和回收废水中的污染物。应用筛滤法除去水中较大的漂浮物；应用沉淀法除去水中相对密度大于1的悬浮颗粒的同时回收这些颗粒物；应用浮选法（或气浮法）可以除去乳状油滴或相对密度小于1的悬浮物；应用过滤法可除去水中的悬浮颗粒；蒸发法用于浓缩废水中不挥发性的可溶物质等。

第二，化学法。利用化学反应或物理化学作用处理和回收可溶性物质或胶状物质。例如，中和法用于中和酸性或碱性废水；萃取法利用可溶性废物在两相中溶解度的不同回收酚类、重金属等；氧化还原法用来除去废水中还原性或氧化性污染物，杀灭天然水体中的致病细菌等。

第三，生物法。利用微生物的生化作用处理废水中的有机污染物。例如，生物滤池法和活性污泥法用来处理生活污水或有机工业废水，使有机物转化降解成无机物，达到净化水质的目的。

这些方法各有其适用范围，必须取长补短、互为补充，往往单纯使用一种处理方法很难达到良好的效果。一种废水究竟采用哪种或哪几种方法处理，要根据废水的水质、水量、受纳方对水质的要求、废物回收的价值、处理方法的特点等，通过调查研究、科学试验，并按照废水排放的指标、地区的情况和技术的可行性确定。

（2）城市污水的处理。城市污水成分中固体物质仅占0.03%～0.06%，生化需氧量一般在75～300mg/L。根据对污水的不同净化要求，废水处理的步骤如下：

①一级处理。一级处理由筛滤、重力沉淀和浮选等方法串联组成。筛滤可以去除较大物质；重力沉淀可去除无机颗粒物和相对密度大于1的有凝聚性的有机颗粒物；浮选可以去除相对密度小于1的颗粒物（如油脂），往往采取压力气浮的方法，在高压下溶解气体。随后在常压下，产生小气泡附着于颗粒物表面，使之浮于水面而去除。废水经过一级处理后，一般达不到排放标准。

②二级处理。二级处理常用生物法和絮凝法。生物法主要是去除一级处理后废水中的有机物；絮凝法主要是去除一级处理后废水中的无机悬浮物和胶体颗粒物或低浓度的有机物。

经过二级处理后的水，一般可以达到农田灌溉水标准和废水排放标准。但是水中还存留有一定量的悬浮物、没有被生物降解的溶解性有机物、溶解性无机物和氮、磷等富营养物，并含有病毒和细菌。在一定条件下，仍然可能造成天然水体的污染。

③三级处理。在一级处理、二级处理后，进一步处理难降解的有机物、磷和氮等能够导致水体富营养化的可溶性无机物。采用的技术有生物脱磷除氮法、混凝沉淀法、砂滤法、活性炭吸附法、离子交换法和电渗析法等。三级处理通常是以污水回收、再生为目的，在一级处理、二级处理后增加的处理工艺。所需处理费用较高，必须因地制宜，视具体情况确定。

综上所述，近代水质污染控制的重点，初期着眼于预防传染性疾病的流行，进而转移到需氧污染物的控制，目前又发展到防治水体富营养化的处理及废水净化回收重复利用方面，做到废水资源化。对于工业废水按要求进行单项治理，如含酚废水、含油废水及各种有毒重金属废水等，以防止对天然水体造成污染。

3. 污泥处理技术

（1）污泥的脱水与干化。从二次沉淀池排出的剩余污泥含水率高达99%～99.5%，污泥体积大，不便于堆放及输送，所以污泥的脱水、干化是当前污泥处理的主要方法。

二次沉淀池排出的剩余污泥一般先在浓缩池中静置处理，使泥水分离。污泥在浓缩池内静置停留 12～24h，可使含水率从99%降至97%，体积缩小为原污泥体积的1/3。

污泥进行自然干化借助于渗透、蒸发与人工撇除等过程而脱水。一般污泥含水率可降至75%左右，使污泥体积缩小许多。污泥机械脱水是以滤膜两面的压力差作为推动力，污泥中的水分通过滤膜称为滤液，固体颗粒被截留下来称为滤饼，从而达到脱水的目的。常采用的脱水机械有真空过滤脱水机、压滤脱水机、离心脱水机等。一般采用机械法脱水，污泥的含水率可降至70%～80%。

(2) 污泥消化。

第一，污泥的厌氧消化。将污泥置于密闭的消化池中，利用厌氧微生物的作用，使有机物分解，这种有机物厌氧分解的过程称为发酵。由于发酵的最终产物是沼气，污泥消化池又称沼气池。污泥厌氧消化工艺的运行管理要求高，比较复杂，而且处理构筑物要求封闭、容积大、数量多且复杂，因此污泥厌氧消化法适用于大型污水处理厂污泥量大、回收沼气量多的情况。

第二，污泥的好氧消化。利用好氧和兼氧菌，在污泥处理系统中曝气供氧，微生物分解可降解有机物（污泥）及细胞原生质，并从中取得能量。污泥好氧消化法设备简单、运行管理比较方便，但运行能耗及费用较高些，它适用于小型污水处理厂污泥量不大、回收沼气量少的场合。而且当污泥受到工业废水影响，进行厌氧消化有困难时，也可采用好氧消化法。

第三，污泥的最终处理。对主要含有机物的污泥，经过脱水及消化处理后，可用作农田肥料。

脱水后的污泥，如需要进一步降低其含水率时，可进行干燥处理或加以焚烧。经过干燥处理，污泥含水率可降至20%左右，便于运输，可作为肥料。当污泥中含有有毒物质不宜用作肥料时，应采用焚烧法将污泥烧成灰烬，做彻底的无害化处理，可用于填地或充作筑路材料使用。

（四）水资源化

随着人口的增长，城市化、工业化以及灌溉对水需求的日益增加，水

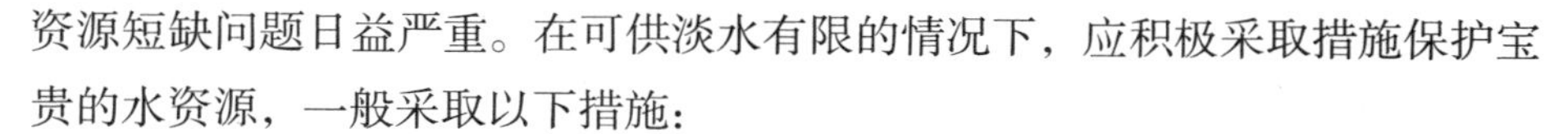

资源短缺问题日益严重。在可供淡水有限的情况下，应积极采取措施保护宝贵的水资源，一般采取以下措施：

1. 提高水资源利用率

提高水资源利用率不但可以增加水资源，而且可以减少污水排放量，减轻水体污染，主要措施如下：

（1）降低工业用水量，提高水的重复利用率。采用清洁生产工艺提高工业用水重复利用率，争取少用水。通过发展建设，我国工业用水重复使用率已有了较大的发展，但与发达国家相比，还有较大差距。进一步加强工业节水，提高用水效率，是缓解我国水资源供需矛盾，实现社会与经济可持续发展的必由之路。

（2）减少农业用水，实施科学灌溉。全世界用水的70%为农业的灌溉用水，而只有37%的灌溉用水用于作物生长，其余63%被浪费。因此，改进灌溉方法是提高用水效率的最大潜力所在。改变传统的灌溉方式，采用喷灌、滴灌和微灌技术，可大量减少农业用水。

（3）提高城市生活用水利用率，回收利用城市污水。我国城市自来水管网的跑、冒、滴、漏损失至少达城市生活用水总量的15%，家庭用水浪费现象普遍。通过节水措施可以减少无效或低效耗水。对于现代城市家庭，厕所冲洗水和洗浴水一般占家庭生活用水总量的2/3。厕所冲洗节水方式有两种：①中水回用系统，利用再生水冲洗；②选用节水型抽水马桶，比传统型抽水马桶节省用水2倍左右。采用节水型淋浴头，可以节约大量洗浴用水。

2. 调节水源量以增加可靠供水

人们通过调节水源量，开发新水源方式，缓解水资源紧张局面。可采取如下措施：

（1）建造水库，调节流量。这样做可以丰水期补充枯水期不足的水量，还可以有防洪、发电、发展水产等多种用途，但必须注意建库对流域和水库周围生态系统的影响。

（2）跨流域调水。跨流域调水是一项耗资巨大的供水工程，即从丰水流域向缺水流域调水。这是解决缺水地区水资源需求的一种重要措施。

（3）地下蓄水。地下蓄水即人工补充地下水，解决枯水季节的供水问题。已有二十多个国家在积极筹划，在美国加利福尼亚州，每年就有25亿立方米水储存于地下，荷兰每年增加含水层储量 200 ~ 300 万立方米。

(4) 海水淡化。海水淡化可以解决海滨城市淡水紧缺问题。

(5) 恢复河水、湖水水质。采用系统分析的方法，研究水体自净、污水处理规模、污水处理效率与水质目标及其费用之间的相互关系，应用水质模拟预测及评价技术，寻求优化治理方案，制定水污染控制规划，恢复河水、湖水水质，增加淡水供应。

3. 加强水资源管理

通过水资源管理机构，制定合理利用水资源和防止污染的法规；采用经济杠杆，降低水浪费，提高水利用率。强化水资源的统一管理，实现水资源的可持续利用，建立节水防污型社会，促进资源与社会经济、生态环境协调发展。

(五) 海洋污染

"随着我国海洋经济的快速发展和海洋开发强度的增大，海洋生态环境问题也呈现出多发之势，制约着海洋强国与美丽中国的建设进程。"[①] 海洋是地球上最大的水体，占地球面积的 70.8%。海洋从太阳中吸收热量，又将热量释放到大气中，彼此作用，调节全球气候。同时海洋为人类提供食物，海底蕴藏着丰富的资源和能源。海洋不仅为人类提供廉价的航运，海水还是取之不尽的动力资源。

由于人类的活动直接或间接地将物质或能量排入海洋环境，改变了海洋的原来状态，以致损害海洋生物资源、危害人类健康、妨碍海洋渔业、破坏海水正常使用或降低海洋环境优美程度的现象，就是海洋污染。

海洋污染的污染源包括城市生活和生产排水及废弃物，农药及农业废物，船舶、飞机及海上设施，原子能的产生和应用，军事活动等。污染海洋的污染物各种各样，这些物质进入海洋，轻则破坏沿海环境，损害生物资源，重则危及人类健康。

1. 海洋污染的种类及危害

海洋的污染主要是发生在靠近大陆的海湾。由于密集的人口和工业场所，大量的废水和固体废物被倾入海水，加上海岸曲折造成水流交换不畅，

① 崔野 . 加快治理跨域海洋环境问题 [J]. 环境教育，2022(01)：33.

使得海水的温度、pH、含盐量、透明度、生物种类和数量等性状发生改变，对海洋的生态平衡构成危害。

（1）石油污染。石油化工、石油运输、海洋采油及石油储存均会对海洋产生石油污染。石油污染不但丧失了宝贵的石油，给海洋生物也带来了严重的后果。石油污染后的海区，要经过 5 ~ 7 年才能使生物重新繁殖。1L 石油在海面上的扩散面积达 100 ~ 2000m^2，1L 石油完全氧化需消耗 40 万升海水中的溶解氧，致使海域缺氧，造成生物资源的破坏；石油在海生动物体内蓄积，使海鸟沾油污死亡，同时对污染海域人类的生产、生活及旅游产生深远影响。

（2）赤潮。由于大量营养物质排入海洋，使入海河口、海湾和沿岸水域富营养化，致使浮游生物大量繁殖，形成赤潮。赤潮的危害包括：①导致水体缺氧，使海洋生物大量死亡；②浮游植物堵塞海洋鱼类的呼吸器官，导致鱼类死亡；③含毒素的浮游生物使鱼贝死亡，且危害人体健康。

（3）重金属和有毒物质污染。化工污水占入海总污水量的 32.1%。化工污水含大量有毒物质，如重金属、难降解有毒有机物等，对海洋造成严重污染。重金属和有机有毒难降解有机物在海洋生物体内富集进入食物链，影响到人类健康。破坏海滨旅游景区的环境质量，使其失去应有价值。

（4）塑料制品。全世界每年进入海洋的塑料垃圾达 660 万吨。每天约有 64 万个塑料容器被抛入大海，塑料袋和薄膜被海洋动物当作食物吞食，致使动物死亡甚至种群灭绝，造成海洋生态破坏。

（5）放射性污染。由于核能源的开发、军事活动、海底核废物处置等造成大量放射性物质进入海洋，部分放射性同位素在动物体内的含量已达到可检出程度。

2. 海洋污染的特征

海洋是地球上最大的水体，具有极强的自净能力，但其对污染物的消纳能力并不是无限的。海洋污染的特征主要表现在以下几个方面：

（1）污染源多而复杂。海洋的污染源极其复杂，除了船舶和海上油井排出的有毒有害物质外，沿海地区产生的污染物直接排入海洋，内陆地区的污染物也有部分通过河流最终流入海洋。大气污染物通过气流及降水作用进入海洋。因此，海洋有“世界垃圾桶”之称。

（2）污染持续性强。海洋是地球各地污染物的最终归宿。与其他水体污染不同，海洋环境中的污染物很难再转移出去。因此，随着时间的推移，一些不能溶解和不易分解的污染物（如重金属和难降解有机氯等）在海洋中积聚。

（3）污染扩散范围大。海洋中的污染物可通过洋流、潮汐、重力流等作用与海水进行充分混合，将污染物带到其他海域。

（4）防治难、危害大。海洋污染有很长的积累过程，不易及时发现，一旦形成污染，需要长期治理才能消除影响，且治理费用高，造成的危害会影响到各方面，特别是对人体产生的毒害，更是难以彻底清除干净。

3. 海洋污染的控制

（1）石油污染控制。为防止溢油污染海洋，应当建立监测体系，开发配备相应的围油栅、撇油器、收油袋等防污设备，绘制海洋环境石油敏感图，建立溢油漂移数值模型、数据库和溢油漂移软件，一旦发生溢油事件，可使有关人员在很短的时间内了解溢油海域的污染情况及溢油的运行轨迹，及时采取措施，减少石油污染。对于产生的石油污染，应首先利用油障包围石油，然后回收油障内石油，用吸油材料和油处理剂处理剩余石油。对于难进行回收操作的海面石油，可用焚烧方法减少污染，即点燃海上石油使之燃烧后减少。如果石油冲上海岸和沙滩，可将被石油污染的砂砾挖沟深埋。

（2）塑料垃圾的防治。通过采取用可降解塑料代替现用塑料、颁布法律法规制止向海洋排放塑料垃圾等措施减少塑料对海洋的污染。

（3）赤潮问题的管理对策。严格规范沿海排污制度，在沿海地区禁用含磷洗涤用品。对赤潮采用预报、监控措施，降低赤潮影响。

海洋环境保护是在调查研究的基础上，针对海洋环境方面存在的问题，依据海洋生态平衡的要求制定有关法规，并运用科学的方法和手段来调整海洋开发和环境生态之间的关系，以达到对海洋资源持续利用的目的。海洋环境是人类赖以生存和发展的自然环境的重要组成部分，包括海洋水体、海底和海面上空的大气以及同海洋密切相关并受到海洋影响的沿岸和河口区域。海洋环境问题的产生，主要是人们在开发利用海洋的过程中，没有考虑海洋环境的承受能力，低估了自然界的反作用，使海洋环境受到不同程度的损害。海洋环境保护问题已成为当今全球关注的热点之一。

要成功地保护海洋，人类必须遵守以下原则：

第一，禁止向海洋倾倒任何有毒有害废料。

第二，所有的工业和生活污水必须处理后才能排放入海。

第三，加强在陆地上对垃圾的管理、处理和资源化，不把海洋作为垃圾倾倒场。

第四，保护水产资源，规范渔业和海水养殖业，保护水生生态系统，维护生态平衡。

二、大气污染及其防治

（一）大气污染及其危害

1. 大气与大气污染

（1）大气的组成。大气是多种气体的混合物，其组成如下：

第一，大气的恒定组分。是指大气中含有的氮气、氧气、氩气及微量的氖气、氦气、氪气、氙气等稀有气体。其中，氮气、氧气、氩气三种组分占大气总量的99.96%。在近地层大气中，这些气体组分的含量几乎可认为是不变的。

第二，大气的可变组分。其主要是指大气中的二氧化碳、水蒸气等，这些气体的含量由于受地区、季节、气象以及人们生产和生活活动等因素的影响而有所变化。

第三，大气的不定组分。是指尘埃、硫、硫化氢、硫氧化物、氮氧化物、盐类及恶臭气体等。一般来说，这些不定组分进入大气中，可造成局部和暂时性的大气污染。当大气中不定组分达到一定浓度时，就会对人、动植物造成危害，这是环境保护工作者应当研究的主要对象。

（2）大气污染及分类。大气污染是指由于人类活动或自然过程，使某些物质进入大气中，达到足够的浓度，并持续足够的时间，因此，危害了人体的舒适、健康和福利，甚至危害了生态环境。所谓人类活动不仅包括生产活动，而且包括生活活动，如做饭、取暖、交通等。一般来说，由于自然环境所具有的物理、化学和自净作用，会使自然过程造成的大气污染经过一段时间后自动消除，所以说，大气污染主要是人类活动造成的。

按照污染范围，大气污染大致可分为以下类型：

第一，局部地区污染。局限于小范围的大气污染，如烟囱排气。

第二，地区性污染。涉及一个地区的大气污染，如工业区及附近地区受到污染或整个城市受到污染。

第三，广域污染。涉及比一个地区或大城市更广泛地区的大气污染。

第四，全球性污染。涉及全球范围的大气污染，目前主要表现在温室效应、酸雨和臭氧层破坏三个方面。

2. 大气污染物的分类

大气污染物是指由于人类活动或自然过程排入大气并对人和环境产生有害影响的那些物质。按照其存在状态，可分为以下几种类型：

(1) 颗粒污染物。颗粒污染物是指大气中的液体、固体状物质。按照来源和物理性质，颗粒污染物可分为粉尘、烟、飞灰、黑烟和雾，在泛指小固体颗粒时，通称粉尘。我国环境空气质量标准中，根据粉尘颗粒的大小，将其分为以下几种类型：

第一，总悬浮颗粒物，是指环境空气中空气动力学直径小于等于100μm的颗粒物。

第二，粒径小于等于10μm颗粒物（PM10），是指环境空气中空气动力学直径小于等于10μm的颗粒物，也称可吸入颗粒物。

第三，粒径小于等于2.5μm颗粒物（PM2.5），是指环境空气中空气动力学直径小于等于2.5μm的颗粒物，也称细颗粒物。

PM2.5和PM10也是很多城市大气的首要污染物和引发雾霾的重要原因。此外，可吸入颗粒物（PM10）在环境空气中持续的时间很长，被人吸入后，会累积在呼吸系统中，引发许多疾病，对于老人、儿童和已患心肺病者等敏感人群，风险较大。

(2) 气态污染物。气体状态污染物是指在常态、常压下以分子状态存在的污染物，简称气态污染物。气态污染物主要包括以二氧化硫为主的含硫化合物、以氧化氮与二氧化氮为主的含氮化合物、碳氧化物、有机化合物和卤素化合物等。

气态污染物可分为一次污染物和二次污染物。一次污染物是指直接从污染源排到大气中的原始污染物；二次污染物是指由于一次污染物与大气中已有组分或几种一次污染物之间经过一系列化学或光化学反应而生成的与一次污染物性质不同的新污染物。

3. 大气污染物的来源

（1）大气污染源。大气污染源可分为自然污染源和人为污染源两类。自然污染源是指由于自然原因向环境释放的污染物，如火山喷发、森林火灾、飓风、海啸、土壤和岩石风化以及生物腐烂等自然现象形成的污染源。人为污染源是指人类活动和生产活动形成的污染源。

人为污染源可分为工业污染源、生活污染源、交通运输污染源和农业污染源。工业污染源是大气污染的一个重要来源，工业排放到大气中的污染物种类繁多，有烟尘、硫氧化物、氮氧化物、有机化合物、卤化物、碳化合物等；生活污染源主要由民用生活炉灶和采暖锅炉产生，产生的污染物有灰尘、二氧化硫、一氧化碳等有害物质；交通运输污染源来自汽车、火车、飞机、轮船等运输工具，特别是城市中的汽车，量大而集中；农业污染源主要来源于农药及化肥的使用，田间施用农药时，一部分农药会以粉尘等颗粒物形式散逸到大气中，残留在作物上或黏附在作物表面的仍可挥发到大气中。进入大气的农药可以被悬浮的颗粒物吸收并随气流向各地输送，造成大气农药污染。

（2）大气中主要气态污染物。

第一，硫氧化物 SO_X。硫氧化物是硫的氧化物的总称，包括二氧化硫、三氧化硫、三氧化二硫、一氧化硫等。其中 SO_2 是目前大气污染物中数量较大、影响范围也较广的一类气态污染物，几乎所有工业企业都可能产生，它主要来源于化石燃料的燃烧过程以及硫化物矿石的焙烧、冶炼等热过程。硫氧化物和氮氧化物是形成酸雨或酸沉降的主要前体物。

第二，氮氧化物 NO_X。氮氧化物是氮的氧化物的总称，包括氧化亚氮、一氧化氮、二氧化氮、三氧化二氮等，其中污染大气的主要是 NO 和 NO_2。NO 毒性不大，但进入大气后会缓慢氧化成 NO_2，NO_2 的毒性约为 NO 的 5 倍，当 NO_2 参与大气中的光化学反应，形成光化学烟雾后，其毒性更强。人类活动产生的 NO，首先来自各种炉窑、机动车和柴油机排气，其次是硝酸生产、硝化过程、炸药生产及金属表面处理等。其中，由燃料燃烧产生的 NO_X，约占 83%。

第三，碳氧化物 CO_X。碳氧化物主要是一氧化碳和二氧化碳。大气中的碳氧化物主要来自煤炭和石油的燃烧，在空气不充足的情况下燃烧，就会产生一氧化碳。二氧化碳虽然不是有毒物质，但大气中含量过高就会造成温室效应，可能导致全球性灾难。

第四，碳氢化合物 HC。碳氢化合物属于有机化合物中最简单的一类，仅由碳、氢两种元素组成，又称烃。碳氢化合物中包含多种烃类化合物，进入人体后会使人体产生慢性中毒，有些化合物会直接刺激人的眼、鼻黏膜，使其功能减弱，更重要的是碳氢化合物和氮氧化物在阳光照射下，会产生光化学反应，生成对人及生物有严重危害的光化学烟雾。其主要来源为汽车尾气、工业废气。

第五，硫酸烟雾。硫酸烟雾是指大气中的 SO_2 等硫氧化物，在相对湿度比较高、气温比较低并有颗粒气溶胶存在时发生一系列化学或光化学反应而生成的硫酸雾或硫酸盐气溶胶。硫酸烟雾引起的刺激作用和生理反应等危害要比 SO_2 气体大得多。

第六，光化学烟雾。光化学烟雾是在阳光照射下，大气中的氮氧化物、碳氢化合物和氧化剂之间发生一系列光化学反应而生成的蓝色烟雾（有时带些紫色或黄褐色），其主要成分有臭氧、过氧乙酰硝酸酯、酮类和醛类等。其危害比一次污染物大得多。光化学烟雾发生时，大气能见度降低，眼和喉黏膜有刺激感，呼吸困难，橡胶制品开裂，植物叶片受损、变黄甚至枯萎。

(3) 典型大气污染。

第一，煤烟型污染。由煤炭燃烧排放出的烟尘、二氧化硫等一次污染物，以及再由这些污染物发生化学反应而生成二次污染物所构成的污染称为煤烟型污染。我国的大气污染以煤烟型污染为主，主要的污染物是烟尘和二氧化硫，此外，还有氮氧化物和一氧化碳等。这些污染物主要通过呼吸道进入人体内，不经过肝脏的解毒作用，直接由血液运输到全身。

第二，石油型污染。石油型污染的污染物来自石油化工产品，如汽车尾气、油田及石油化工厂的排放物。这些污染物在阳光照射下发生光化学反应，并形成光化学烟雾。石油型污染的一次污染物是烯烃、二氧化氮以及烷、醇、羰基化合物等，二次污染物主要是臭氧、氢氧基、过氧氢基等自由基以及醛、酮和过氧乙酰硝酸酯。此类污染多发生在油田及石油化工企业和汽车较多的大城市。近代的大气污染，尤其在发达国家和地区，一般属于此种类型。我国部分城市随着汽车数量的增多，也有出现“石油型污染”的趋势。

第三，复合型污染。复合型污染是指以煤炭为主，还包括以石油为燃料的污染源排放出的污染物体系。此种污染类型是由煤炭型向石油型过渡的阶段，它取决于一个国家的能源发展结构和经济发展速度。

第四，特殊型污染。特殊型污染是指某些工矿企业排放的特殊气体所造成的污染，如氯气、金属蒸气或硫化氢、氟化氢等气体。

4. 大气污染的危害及影响

（1）对人体健康的危害。大气污染物入侵人体主要有三条途径：表面接触、摄入含污染物的食物和水、吸入被污染的空气。大气污染对人体健康的危害主要表现为引起呼吸道疾病。在突发高浓度污染物作用下，可造成急性中毒，甚至在短时间内死亡。长期接触低浓度污染物，会引起支气管炎、支气管哮喘、肺气肿和肺癌等病症。

（2）对植物的危害。大气污染对植物的伤害通常发生在叶子上，最常遇到的毒害植物的气体是二氧化硫、臭氧、过氧乙酰硝酸酯、氟化氢、乙烯、氯化物、氯气、硫化氢和氨气。

（3）对器物和材料的危害。大气污染物对金属制品、涂料、皮革制品、纺织品、橡胶制品和建筑物等的损害也很严重。这种损害包括沾污性损害和化学性损害两个方面。沾污性损害主要是粉尘、烟等颗粒物落在器物上造成的，化学性损害是由于污染物的化学作用，使器物和材料被腐蚀或损害。

（4）对大气能见度的影响。大气污染最常见的后果之一是大气能见度降低。能见度是指在指定方向上仅能用肉眼看见和辨认的最大距离。一般来说，对大气能见度或清晰度有影响的污染物，应是气溶胶粒子、能通过大气反应生成气溶胶粒子的气体或有色气体。因此，对能见度有潜在影响的污染物有总悬浮颗粒物、二氧化硫和其他气态含硫污染物、一氧化氮和二氧化氮、光化学烟雾。

（二）气象条件对污染物传输扩散的影响

污染物从排放到对人体和生态环境产生切实的影响，中间经历了复杂的大气过程：迁移、扩散、沉降、化学反应。由于气象条件的不同，大气扩散稀释能力相差很大。因此，即使是同一污染源排出的污染物，对人体和环境造成的危害程度也不同。

1. 大气圈及其结构

地球表面环绕着一层很厚的气体，称为环境大气，简称大气。自然地理学将受地球引力而随地球旋转的大气层称为大气圈，根据气温在垂直于下垫面（地球表面情况）方向上的分布，可将大气圈分为以下层级：

（1）对流层。对流层是大气圈最低的一层。由于对流程度在热带比寒带强烈，故自下垫面算起的对流层的厚度随纬度增加而降低，赤道处为16～17km，中纬度地区为10～12km，两极附近只有8～9km。对流层的特征是它虽然较薄，却集中了整个大气质量的3/4和几乎全部水蒸气，主要的大气现象都发生在这一层，它是天气变化最复杂、对人类活动影响最大的一层。对流层的温度分布特点是下部温度高，上部温度低，所以大气易形成较强烈的对流运动。此外，人类活动排放的污染物也大多聚集于对流层，即大气污染主要发生在这一层，特别是靠近地面1～2km的近地层，因此对流层与人类的关系最为密切。

（2）平流层。位于对流层之上、平流层下部的气温几乎不随高度而变化，为等温层。该等温层的上界距地面20～40km。平流层的上部气温随高度上升而增高，在距地面50～55km的平流层顶处，气温可升至-3℃～0℃，比对流层顶处的气温高出60℃～70℃。这是因为在平流层的上部存在厚度约为20km的臭氧层，该臭氧层能强烈吸收200～300nm的太阳紫外线，致使平流层上部的气层明显地增温。

在平流层中，很少发现大气上下对流，虽然有时也能观察到高速风或在局部地区有湍流出现，但一般多是处于平流层流动，很少出现云、雨、风暴天气，大气透明度好，气流也稳定。进入平流层的污染物，由于在大气层中扩散速度较慢，污染物在此层停留时间较长。进入平流层的氮氧化物、氯化氢以及氟利昂有机制冷剂等能与臭氧层中臭氧发生光化学反应，致使臭氧浓度降低，严重时臭氧层还可能出现“空洞”。如果臭氧层遭到破坏，则太阳辐射到地球表面上的紫外线将增强，从而导致地球上更多的人患皮肤癌，生态系统也会受到极大的威胁。

（3）中间层。位于平流层上，层顶高度为 80 ~ 85km，这一层里有强烈的垂直对流运动，气温随高度增加而下降，层顶温度可降至 -113℃ ~ -83℃。

（4）暖层。位于中间层的上部，暖层的上界距地球表面八百多千米，该层的下部基本上由分子氮组成，而上部由原子氧组成。原子氧可吸收太阳辐射出的紫外线，因而暖层中气体的温度随高度增加而迅速上升。由于太阳光和宇宙射线的作用，暖层中的气体分子大量被电离，所以暖层又称电离层。

（5）散逸层。暖层以上的大气层统称散逸层，这是大气圈的最外层，气温很高，空气极为稀薄，空气粒子的运动速度很高，可以摆脱地球引力而散逸到太空中。

大气成分的垂直分布，主要取决于分子扩散和湍流扩散的强弱。在 80 ~ 85km 以下的大气层中，以湍流扩散为主，大气的主要成分氮气和氧气的组成比例几乎不变，称为均质层。在均质层以上的大气层中，以分子扩散为主，气体组成随高度变化而变化，称为非均质层。这层中较轻的气体成分有明显增加。

2. 风和湍流对污染物传输扩散的影响

在各种影响污染物传输扩散的气象因素中，风和湍流对污染物在大气中的扩散和稀释起着决定性作用。

（1）风对污染物传输的影响。风在不同时间有着相应的风向和风速。风速是指单位时间内空气在水平方向移动的距离。风速可根据需要用瞬时值表示，也可用一定时间间隔内的平均值表示。通常，气象台站所报出的风速都是指一定时间间隔的气象风速。在研究污染物扩散和稀释规律时所用的风速，多为测定时间前后的 5min 或 10min 间隔的平均风速。

风不仅对污染物起着输送的作用，而且起着扩散和稀释的作用。一般来说，污染物在大气中的浓度与污染物的排放总量成正比，而与平均风速成反比，若风速增加一倍，则在下风向污染物的浓度将减少一半。

（2）湍流对污染物传输的影响。风速有大有小，具有阵发性，并在主导风向上还出现上下左右无规则的阵发性搅动，这种无规则阵发性搅动的气流称为大气湍流。大气污染物的扩散，主要靠大气湍流的作用。

如果设想大气做很有规则的运动，只有分子扩散，那么，从污染源排出的烟云几乎就是一条粗细变化不大的带子。然而，实际情况并非如此，因为烟云向下风向飘移时，除本身的分子扩散外，还受大气湍流影响，从而使得烟团周界逐渐扩张。

3. 气温对污染物传输扩散的影响

（1）太阳、大气和地面的热交换。太阳是一个炽热的球体，不断向外辐射能量。大气本身吸收太阳辐射的能力很弱，而地球表面上分布的陆地、海洋、植被等直接吸收太阳辐射的能力很强。因此，太阳辐射到地球上的能量大部分穿过大气而被地面直接吸收。地面和大气吸收了太阳辐射，同样按其自身温度向外辐射能量。

（2）气温的垂直变化与大气污染的关系。地球表面上方气温的垂直分布情况决定着大气的稳定度，而大气稳定度又影响着湍流的强度，因而气温的垂直分布情况与大气污染有着十分密切的联系。由于气象条件的不同，气温的垂直分布可分为以下情况：

第一，气温随高度增加而降低，气层温度上冷下暖，上层空气密度大，下层空气密度小，即又冷又重的空气在上，又暖又轻的空气在下，容易形成上下对流。一旦污染物排入这种气层中，由于上下对流强烈，继而引发湍流，很容易得到稀释扩散。

第二，气温随高度增加而升高，此时气层温度上暖下冷，又暖又轻的空气在上层，又冷又重的空气在下层，气层最稳定，不容易形成对流和湍流。这就是通常所说的逆温。污染物排入这种气层中，很难得到稀释扩散，容易形成严重的大气污染。

第三，气温不随高度而变化，这种气层称为等温层。由于气温没有上下温差，此时也不容易形成对流，对污染物扩散不利。我们熟知的臭氧层就是位于等温层中，由于该层稀释污染物能力弱，所以一旦破坏臭氧层的物质排入该层，就会严重破坏臭氧层，即使停止排放破坏物，原来的破坏臭氧层的物质也会持续停留在臭氧层很长时间。所以，臭氧层一旦被破坏，很难修复。

（三）主要大气污染的防治技术

根据存在形态，大气污染物分为颗粒污染物和气态污染物。颗粒污染物的去除过程就是常说的除尘，除尘效率是评价除尘技术优劣的重要技术指标，而除尘效率的高低与除尘装置性能密切相关。气态污染物的去除技术主要有吸收、吸附和催化氧化等，其中烟气中二氧化硫和氮氧化物的去除技术已是研究的热点问题。

1. 颗粒污染物控制技术

（1）除尘装置的性能指标。

第一，除尘器的经济性。经济性是评价除尘器性能的重要指标，它包括除尘器的设备费和运行维护费两部分。设备费主要是材料的消耗，此外还包括设备加工和安装的费用以及各种辅助设备的费用；除尘系统的运行管理费主要指能源消耗，对于除尘设备主要有两种不同性质的能源消耗：①使含尘气流通过除尘设备所做的功；②除尘或清灰的附加能量。在综合考虑比较除尘器的费用时，要注意到设备投资是一次性的，而运行费用是每年的经常费用。因此，若一次投资高而运行费用低，这在运行若干年后就可以得到补偿。运行时间越长，越显出其优越性。

第二，评价除尘器性能的技术指标。除尘装置的技术指标主要包括以下内容：

①处理能力：除尘装置在单位时间内所能处理的含尘气体的流量，一般用体积流量表示。实际运行的除尘装置由于漏气等原因，进出口气体流量往往并不相等，因此用进口流量和出口流量的平均值表示处理能力。

②除尘效率：被捕集的粉尘量与进入装置的粉尘量之比。除尘效率是衡量除尘器清除气流中粉尘能力的指标，根据总捕集效率，除尘器可分为低效除坐器（50%～80%）、中效除尘器（80%～95%）、高效除尘器（95%以上）。习惯上一般把重力沉降室、惯性除尘器列为低效除尘器；中效除尘器通常指颗粒层除尘器、低能湿式除尘器等；电除尘器、袋式除尘器及文丘里除尘器则属于高效除尘器。

③除尘器阻力：表示气流通过除尘器时的压力损失。阻力大，用于风机的电能也大，因而阻力也是衡量除尘设备的耗能和运转费用的一个指标。根据除尘器的阻力，可分为：①低阻除尘器（500Pa），如重力沉降室、电除尘器等；②中阻除尘器（500～2000Pa），如旋风除尘器、袋式除尘器、低能湿式除尘器等；③高阻除尘器（2000～20000Pa），如高能文丘里除尘器。

（2）除尘装置分类。根据除尘原理的不同，除尘装置一般可分为以下几种类型：

第一，机械式除尘器。机械式除尘器包括重力沉降室、旋风除尘器、惯性除尘器和机械能除尘器。这类除尘器的特点是结构简单、造价低、维护方便，但除尘效率不高。往往用作多级除尘系统的预除尘。

第二，洗涤式除尘器。洗涤式除尘器包括喷淋洗涤器、文丘里洗涤器、水膜除尘器、自激式除尘器。这类除尘器的主要特点是主要用水作为除尘的介质。一般来说，湿式除尘器的除尘效率高，但采用文丘里除尘器时，除去微细粉尘的效率仍为95%以上，但所消耗的能量也高。湿式除尘器的缺点是会产生污水，需要进行处理，以消除二次污染。

第三，过滤式除尘器。过滤式除尘器包括袋式除尘器和颗粒层除尘器。其特点是以过滤机理作为除尘的主要机理。根据选用的滤料和设计参数的不同，袋式除尘器的效率可达到99.9%以上。

第四，电除尘器。电除尘器用电力作为捕集机理，有干式电除尘器和湿式电除尘器之分。这类除尘器的特点是除尘效率高、消耗动力小，主要缺点是钢材消耗多、投资高。

在实际除尘器中，往往综合了各种除尘机理的共同作用。例如，卧式旋风除尘器，有离心力的作用，同时还兼有冲击和洗涤的作用，特别是近年来为了提高除尘器的效率，研制了多种多机理的除尘器，如用静电强化的除尘器等。

（3）除尘器的选择。选择除尘器时，必须在技术上能满足工业生产和环境保护对气体含尘的要求，在经济上是可行的，同时还要结合气体和颗粒物的特征和运行条件进行全面考虑。

例如，黏性大的粉尘容易黏结在除尘器表面，不宜采用干法除尘；纤维和憎水性粉尘不宜采用袋式除尘器；如果烟气中同时含有 SO_2、NO_X 等气体污染物，可考虑采用湿法除尘，但是必须注意腐蚀问题；含尘气体浓度高时，在电除尘器和袋式除尘器前应设置低阻力的预净化装置，以去除粗大尘粒，从而提高袋式除尘器的过滤速度，避免电除尘器产生电晕闭塞。一般来讲，为减少喉管磨损和喷嘴堵塞，对文丘里、喷淋塔等湿式除尘器，入口含尘浓度以 $10g/m^3$ 为宜，袋式除尘器入口含尘浓度以 $0.2 \sim 20g/m^3$ 为宜，电除尘器以 $30g/m^3$ 为宜。此外，不同除尘器对不同粒径粉尘的除尘效率也是完全不同的，在选择除尘器时，还必须了解欲捕集粉尘的粒径分布情况，再根据除尘器的分级除尘效率和除尘要求选择适当的除尘器。

2. 主要气态污染物的治理技术

（1）常见气态污染物治理方法。用于气态污染物处理的技术有吸收法、吸附法、冷凝法、催化转化法、直接燃烧法、膜分离法以及生物法等。其中，吸收法和吸附法是应用最多的两种气态污染物的去除方法。

第一，吸收法。吸收是利用气体在液体中溶解度不同的这一现象，以分离和净化气体混合物的一种技术。例如，从工业废气中去除二氧化硫、氮氧化物、硫化氢以及氟化氢等有害气体。

第二，吸附法。吸附是一种固体表面现象。它是利用多孔性固体吸附剂处理气态污染物，使其中的一种或几种组分，在分子引力或化学键力的作用下，被吸附在固体表面，从而达到分离的目的。常用的固体吸附剂有骨炭、硅胶、矾土、沸石、焦炭和活性炭等，其中应用最为广泛的是活性炭。活性炭对广谱污染物具有吸附功能，除 CO、SO_2、NO_X、H_2S 外，还对苯、甲苯、二甲苯、乙醇、乙醚、煤油、汽油、苯乙烯、氯乙烯等物质有吸附功能。

（2）从烟气中去除二氧化硫的技术。煤炭和石油燃烧排放的烟气通常含有较低浓度的 SO_2。由于燃料硫含量的不同，燃烧设备直接排放的烟气中 SO_2 浓度范围为 10^{-4} ~ 10^{-3} 数量级。

烟气脱硫按脱硫剂是否以溶液（浆液）状态进行脱硫而分为湿法脱硫和干法脱硫。湿法是指利用碱性吸收液或含催化剂粒子的溶液，吸收烟气中的 SO_2；干法是指利用固体吸收剂和催化剂在不降低烟气温度和不增加湿度的条件下除去烟气中的 SO_2。喷雾干燥法工艺采用雾化的脱硫剂浆液进行脱硫，但在脱硫过程中雾滴被蒸发干燥，最后的脱硫产物也是干态，因此常称为干法或半干法。

（3）从烟气中去除氮氧化物的技术。对冷却后的烟气进行处理，以降低 NO_2 的排放量，通称为烟气脱硝。烟气脱硝是一个棘手的难题。原因包括：①烟气量大，浓度低，在未处理的烟气中，与 SO_2 对比，可能只有 SO_2 浓度的 1/5 ~ 1/3；② NO 的总量相对较大，如果用吸收或吸附过程脱硝，必须考虑废物最终处置的难度和费用。只有当有用组分能够回收，吸收剂或吸附剂能够循环使用时，才可考虑选择烟气脱硝。

(4) 机动车污染的控制。全球因燃烧矿物燃料而产生的一氧化碳、碳氢化合物和氮氧化物的排放量，几乎 50%来自汽油机和柴油机。在城市的交通中心，机动车是造成空气中 CO 含量的 90% ~ 95%、NO 和 HC 含量的 80% ~ 90%以及大部分颗粒物的原因。由此可知，机动车排气对大气的污染程度确实惊人。

机动车发动机排出的物质主要包括燃料完全燃烧的产物和不完全燃烧的产物 CO、HC 和炭黑颗粒等，燃料添加剂的燃烧生成物、燃料中硫的燃烧产物 SO_2，以及高温燃烧时生成的 NO_X 等。此外，还有曲轴箱、化油器和油 SO_2 箱排出的未燃烃。

控制机动车尾气污染措施包括以下几个方面：

第一，加快步伐提高机动车排放标准。瞄准即将实施的国四排放标准以及未来的国五以上排放标准，研制汽油车、柴油车、摩托车和替代燃料车等不同车型尾气控制技术与装置，并推动相关产业发展。

第二，加强燃油品质管理，不断提高车用油品质量。

第三，实施环保标志管理。对国一及以上标准的轻型汽油车和国三及以上标准的柴油车发放绿色环保标志，其余轻型汽油车和柴油车发放黄色环保标志。无有效环保标志车辆不能上路行驶。

3. 大气污染综合防治措施与行动

大气污染综合防治是防与治的结合，是为了达到区域环境空气质量控制目标，对多种大气污染控制方案的技术可行性、经济合理性、区域适应性和实施可行性等进行最优化选择和评价，从而得出最优控制技术方案和工程措施。大气污染综合防治措施如下：

(1) 落实《大气污染防治行动计划》(以下简称“大气十条”)。对各省(区、市) 贯彻落实情况进行考核，督促环境空气质量恶化的省份采取整改措施，改善环境空气质量。明确地方政府责任，大幅度提高处罚力度，强化了煤、车、挥发性有机物等污染控制，加强区域协作、重污染天气应对工作。“大气十条”22 项配套政策全部落实，25 项重点行业排放标准全部颁布。建立空气质量目标改善预警制度，每季度向各省 (区、市) 人民政府通报空气质量改善情况，对改善幅度明显和不力的省份与城市分别进行表扬和督办；对全国重点城市进行督查，重点对各类工业园区及工业集中区，火电、钢铁、水泥等重点行业，不符合国家政策的小作坊、燃煤锅炉单位等进行检查；对邯郸、秦皇岛、运城、唐山等重点地区开展无人机执法检查。

（2）推进重点行业污染治理。开展重点行业挥发性有机物综合整治，提升石化行业挥发性有机物污染防治精细化管理水平，提高管理措施的可操作性。开展生物质成型燃料锅炉供热示范项目，促进绿色能源发展。发布《关于在北方采暖地区全面试行水泥错峰生产的通知》，促进节能减排，化解水泥行业产能过剩的矛盾，改善大气质量。

（3）机动车污染防治。推进黄标车淘汰工作，加强新生产机动车环保达标监管。积极推广新能源汽车。积极推动油品质量改善，全国全面供应国四标准车用汽柴油，北京、天津、上海等地率先供应国五标准车用汽柴油。

结束语

人类社会在不断发展和进步，但人类社会的发展应与生态发展相互协调，这样才能共存。如今，人们已意识到生态环境的重要性，水土保持便是生态环境保护的一大重要措施。基于水土保持对生态环境保护影响的分析，探究当下水土保持工作的现状，并据此提出相应的策略。

参考文献

1. 著作类

[1] 顾海东，江舟，马红梅 . 生物化学与环境保护 [M]. 汕头：汕头大学出版社，2019.

[2] 鲁群岷，邹小南，薛秀园 . 环境保护概论 [M]. 延吉：延边大学出版社，2019.

[3] 李合海，郭小东，杨慧玲 . 水土保持与水资源保护 [M]. 长春：吉林科学技术出版社有限责任公司，2021.

[4] 孙秀玲，杜守学，于文海，等 . 建设项目水土保持与环境保护 [M]. 济南：山东大学出版社，2016.

[5] 田红卫，马力，刘晖 . 水土保持与生态文明研究 [M]. 武汉：长江出版社，2017.

2. 期刊类

[1] 艾晓燕，徐广军，韩守 . 论水土保持生态修复的特点与原则 [J]. 中国水土保持，2010(3)：44–45.

[2] 崔野 . 加快治理跨域海洋环境问题 [J]. 环境教育，2022(01)：33–35.

[3] 曹寒，马香玲，李洁 . 水土保持生态修复研究进展 [J]. 价值工程，2023，42(05)：163–165.

[4] 董宝昌 . 水土保持工程措施安全管理问题及对策浅析 [J]. 水土保持应用技术，2019(04)：47–48.

[5] 方少文，杨洁，汤崇军 . “3+1” 水土保持科技创新模式初探 [J]. 中国水利，2010(10)：32–33.

[6] 蒋学玮，姜德文 . 水土保持方案质量与实效提升方向 [J]. 中国水土保持，2023(1)：8–12.

[7] 金成基 . 中国土壤侵蚀影响因素及其危害分析 [J]. 才智，2014 (26)：354.

[8] 刘淑珍，吴华，张建国 . 寒冷环境土壤侵蚀类型 [J]. 山地学报，2008(03)：326–330.
[9] 鲁胜力，朱毕生 . 科技创新对中国水土保持事业的影响 [J]. 水土保持通报，2014，34(05)：309–312.
[10] 李星 . 酸雨污染现状、特征及对策建议——以嘉兴市“十一五”期间为例 [J]. 中小企业管理与科技 (上旬刊)，2014(02)：192–193.
[11] 刘田原 . 光污染治理：国内实践与国外经验的双向考察 [J]. 西北民族大学学报 (哲学社会科学版)，2022(01)：109–116.
[12] 聂祥瑞 . 基于水土保持工作中植物措施发挥的作用 [J]. 黑龙江水利科技，2014，42(04)：48–50.
[13] 彭云霄，魏威 . 土壤沙化的成因及危害分析 [J]. 安徽农学通报，2019，25(10)：98–99.
[14] 孙莉英，栗清亚，蔡强国，等 . 水土保持措施生态服务功能研究进展 [J]. 中国水土保持科学，2020，18(2)：145–150.
[15] 王鹏飞 . 环境污染问题的经济根源与对策 [J]. 经济问题，2007 (5)：47–49.
[16] 韦凤娟 . 土地利用规划环境影响评价对于防治荒漠化的作用 [J]. 农业技术与装备，2019(09)：44–45.
[17] 王彦祖，李白 . 农药污染对我国生态环境的影响及对策分析 [J]. 皮革制作与环保科技，2022，3(15)：77–79.
[18] 徐宏伟 . 噪声职业病的危害分析与相应预防措施探析 [J]. 中国卫生产业，2019，16(30)：150–151.
[19] 周正朝，上官周平 . 土壤侵蚀模型研究综述 [J]. 中国水土保持科学，2004，2(1)：52–56.
[20] 郑粉莉，王占礼，杨勤科 . 土壤侵蚀学科发展战略 [J]. 水土保持研究，2004，11(4)：1–10.
[21] 张明波，郭海晋 . 水土保持措施减水减沙研究概述 [J]. 人民长江，1999，30(3)：47–49.
[22] 周学荣，汪霞 . 环境污染问题的协同治理研究 [J]. 行政管理改革，2014(6)：33–40.